吾輩ターボのチャンポン日記

長崎出身の庶民派弁護士と愛するワンコの日々是好日

玉木賢明［著］

日本地域社会研究所

コミュニティ・ブックス

まえがき ―筆者が愛犬ターボの代筆を引き受けたワケ―

〝ターボ〟というのは、平成25年4月11日生まれのわが家にいる満8歳のワンコの名前です。犬種は「トイプードル」。ターボはそれなりに賢いんですが、残念ながら文字が書けないので、〝後見人〟である筆者（飼い主の片割れである父さん）がターボの日記を代筆することとなりました。

日記だから当然に本文についての〝目次〟という細目はありません。思いつくことをただ書き連ねるだけです。

〝我欲の塊〟である人間様と違って、ワンコは単純な行動規範しかもっていないのですが、その割には日記の内容は少し説教がましいところがあるかもしれません。

ちなみに、この本のタイトルに筆者の出身地である長崎の郷土料理「チャンポン」を付け加えたのは、内容が〝何でもあり〟のてんこ盛りだからです。〝何でもあり〟というのはあまりにも脈略がなさすぎるかもしれませんが、ご辛抱ください。

吾輩ターボの自己紹介

吾輩はターボである。少なからず生意気なので自分のことを〝吾輩〟と称する。この本の出版社の社長が自分のことを「吾輩、吾輩」と自称するので、それにあやかったところもある。

実は、吾輩が飼い主様ご夫婦のところにやってきたのは、平成25年6月1日の頃。そのときは、体重わずか700グラムで、体長20センチくらいだったようである。

それが、今や体重5キロ超、体長約40センチというまでに飼い主様に育てていただいた。その間、病気一つしなかった。まずはそのことについて飼い主様に感謝しつつ筆を進めていきたいと思う。退屈しのぎに、ときどき吾輩とその他のお友だちのプロフィール写真も紹介することとする。

では、日記を始めるよ。

※ちなみに、「吾輩」と言うだけあって、吾輩はオス（男）であることお断りしておく。

目次

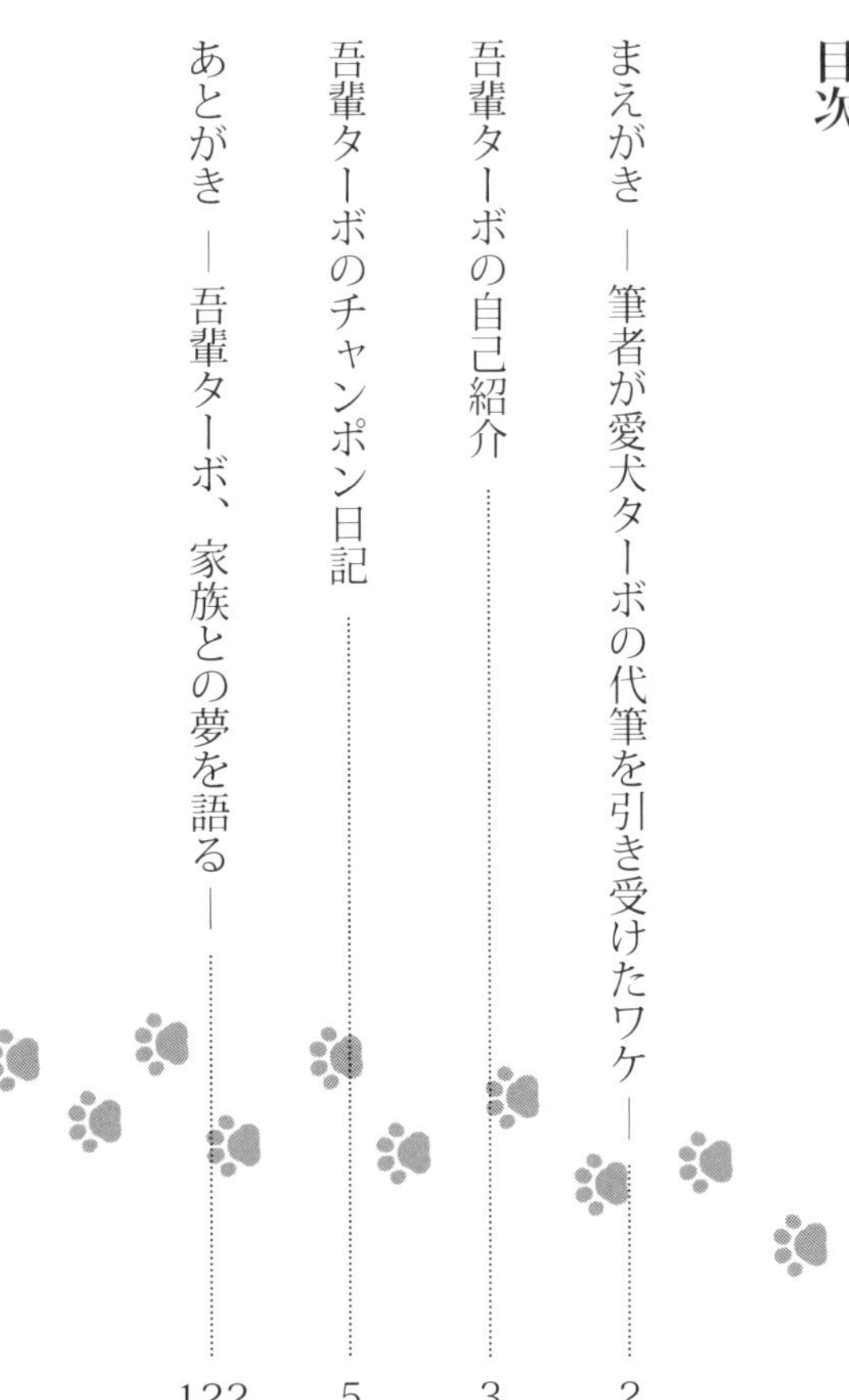

吾輩ターボの
チャンポン日記

令和元年某月某日

アメリカがグリーンランドを買いたいだって⁉

今日もよい一日であったらいいなと思いながら、吾輩の飼い主様の片割れである母さん手作りの朝ごはんを食べていたら、アメリカの大統領（当時）である〝トランプ〟とかいう、名前からして不真面目そうな人物が、デンマークという国の領土であるグリーンランドを買いたいと言っているというテレビのニュースが耳に入ってきた。

グリーンランドは、どうやら広大な土地に地下資源が豊富であるらしく、そこの資源開発が目的なのだそうな。自然環境が損なわれると、生物全般が生きづらくなるので、どうかそんなことは止めてほしいと吾輩は願う。デンマークはお金に惑わされないでほしいものだ。

ところで、吾輩もごくたまに飼い主様に噛みつくことがあるが、それは、不快な〝イジられ方〟をしたときに警告を発しているだけのことであり、それ以上のものではない。これに対し、人間様のやることは度を越している。吾輩がご主人様に〝反抗〟するときは、きちんと節度をわきまえているつもりだ！

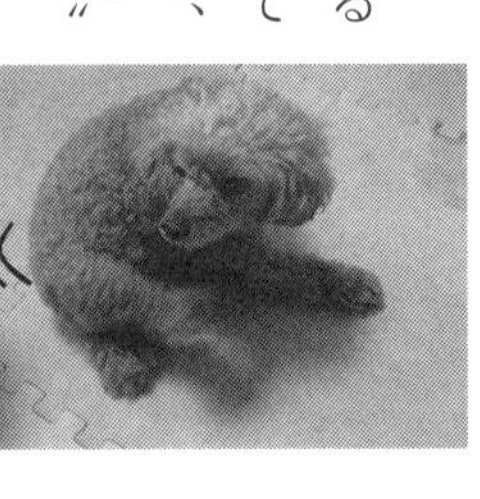

あぁ〜、小難しいこと考えているうちに首回りがかゆくなった！　人間様には難しい仕種であろう後足で首回りを掻く（ヨガのポーズみたいだね）。ちょっとスッキリした。

春、雨上がりの散歩はいろんな匂いがするよ

某年某月某日

公園に行ったら、八重桜の花が地面にたくさん散っていた。花弁のすえた匂いは悪くない。また、踏みしめた花弁の〝ふあふあ感〟もいい。しかし、残念ながら吾輩は人間ほど色の区別がつかないから、花弁の綺麗さ（父さんがキレイ、キレイと言っている）がよくわからない。

でも、嗅覚は人間が足元にも及ばな

いほど優れているからね!! 雨が降った翌日の朝は、雨に流されてきたいろんな匂いが混ざっていて好きだ。もっとも、それは、すでに雨が止んでいなければダメだけど。雨が降っていれば、散歩どころではない。雨が止んで、地面が少し濡れた状態が理想的なのだ。

某年某月某日

ウンチのポイ捨て、禁止！

いつものように父さんと朝の散歩をした。今日に限ったことではないが、散歩道路に犬のフンが放置されていることがたびたびある。

今日も公園の傍らのアスファルト道路にフンがあった。最近は少しその放置頻度が減ったようではある。吾輩が飼い主様宅にきた当初は、よく放置フンの臭いを嗅ぎに行ったものだったが、飼い主様に「ダメ、ダメ、ほかのウンチの臭い、嗅いではダメ！」と制止されたものだ。

田舎の山道とは違うんだから、急ぎ足で出勤途中の会社員が踏んづけてイライラし、仕事に身が入らないと日本のGDP（？）にもかかわってくると大変だか

ら、フンの放置は絶対止めるべきだね。ワンコの飼い主のモラルが低過ぎる、ワン！　すべての飼い主さんは、きちんとウンチを処理してほしい。

父さんは吾輩が排泄すると、すぐに始末している。父さんは昔、タバコを吸っていて、その吸い殻を路上に平気で捨てていたというから、それから考えると、父さんも信じられないほどに成長したものである。〝別人28号〟だね！　タバコといえば、今は〝電子タバコ〟というのが流行っているらしい。イジマシイ感じがする、と父さん。

某年某月某日

父さんは田舎暮らしに憧れているらしい

最近、実は、吾輩もこの数年間に生活環境がよくない方向に向かっているような気がしている。

霜が降りなくなったし、セミも、飼い主様と吾輩が暮らす杉並区ではあまり鳴かなくなった。これはどうしたことか。去年まではたくさん鳴いていたぞ。飼い主様が〝猫の額〟のような庭で栽培しているゴーヤー、キュウリ、ブドウも例年に比べるとすごく収穫量が少ないと父さんが嘆いている。吾輩とすれば、父さんの手入れの仕方が不十分だからそうなるんだ、と思わないこともないではないが、父さんとすれば、結局、そのような作物の成育〝環境〟の悪化を一番に心配しているようだ。

これもやはり、地球温暖化のせいだろうか？〝ニホンミツバチ〟も少なくなっているというではないか!!

そもそも、父さんはとくに最近、田舎生活に憧れていて、本業(弁護士)をヤメて、いつかは山梨あたりの休耕地を利用した農耕生活に鞍替えしたいそうである。そのときは絶対、吾輩もついて行こう！　しかし、母さんはついて行かなさそうである。母さんはずうっと前から「田舎に行くんだったら一人で行ってネ!!」と父さんに言っているらしいのだ。

そのとき、吾輩はどうすればいいのかな。吾輩に会いたいときは、父さんが山梨辺りから杉並の自宅にたまに戻ってくればいいだけか……？　ちょっと可哀想な父さん。

某年某月某日

みんなが楽しければ争いごとは起きないのさ

飼い主様と近所の善福寺公園まで散歩に行った。昨晩は大雨だったので、土の部分はまだぬかるんでいたが、空気は澄んでいて清々しかった。深呼吸して胸いっぱいおいしい空気を吸い込んだぞ！

公園入口の自動販売機に、「ビールがないのはケシカラン！」と、例によって呑んだくれの父さんがブツクサ文句を言ってる。父さんは〝アル中〟ではないのだが、多分、楽しいひとときをさらに楽しくするための〝妙薬〟としてアルコールを嗜みたいということのようだ。

吾輩も父さんが楽しいのであれば、それでいいと思っている。「みんなが楽しければ争いごとは起こらないだろう」というのが、父さんの信条のようである。〝ほどほど〟で、みんなが楽しければ無用な争いは起こるまい。

某年某月某日

イエノミーはエコノミーだって

元々、吾輩は基本的に一日2食なんだけど、父さんも、「一日2食がいい。2食で十分なのに、3食摂ればそれ自体、不経済だし、胃腸も四六時中働くことになるから、体によくない!!」と言う。しかし、そう言いながら元々食い意地が張っている父さん自身はそれを実行できず、一日4食摂ることすらある。父さんもきちんと吾輩を見習って〝一日2食〟ということにすべきである。そうではあるが、父さんは60代になってから、食べる量が以前より減ったらしい。半面、酒量が増えたという。結局、±ゼロ〜！ でも、父さんは健康!!

それはさておき、最近、父さんは吾輩を脇にはべらせて〝家飲み〟するのが多くなった。父さん曰く、「イエノミーはエコノミー!!」(座布団2枚!!)。

ドライブの車窓から休耕地を見て考えたこと

某年某月某日

久々、車で飼い主様と〝ちょっとそこまで〟ドライブをした。どういうわけか、吾輩は車の中に入ると「ハァー、ハァー」と息が荒くなる。狭い空間で空気が淀んでしまうと、酸素が薄くなってしまった気になるのだ。

しかし、今日は、途中の農地が〝休耕地〟になっているのを見て、さすがの吾輩ももったいない気がして息をのんでしまった。こう見えても吾輩はきちんと耕作されている緑の風景が好きなのである。うちの〝猫の額のような庭（犬の額も広くはないけどね）〟も有効活用されているぞ！　ワン‼

父さんは、もともと田舎モンなので農耕地が荒れているのを見るとすごく不機嫌なんだよね。〝不機嫌〟というより〝残念極まりない〟という感じなのだ。

父さんは日本の食料自給率がアメリカ・ヨーロッパ諸国に比べて著しく低いことに腹を立ててもいる。つまり、飼い主様はそれなりに国を憂いているようで、吾輩としては飼い主様をその限りでは尊敬している。ちなみに、父さんの父さん、すなわち、オジイサンは、もともと土地をもったことがなく、その昔は縁者から畑を借りて耕作していたらしいが、それゆえか、父さんは〝遺伝子〟として土地に対する執着心がかなりあるらしいのだ。

ちなみに、飼い主様は平成30年に『庶民派弁護士が読み解く法律の生まれ方』（日本地域社会研究所）という素晴らしい（?）本を出版したのだが、そこでも父さんは〝ぐだぐだ〟わけの分からないことを書いているらしい。要するに、その本で父さんは法律、ひいてはオカミの匙加減で庶民という人間の生き様がイジくられているということを言いたいらしい。興味のある人もない人もぜひ読んでみてください。要は、法律も行政も、ちょっと庶民には〝ワケ〟のわからん〝外圧〟に押し潰されているのではないか、と父さんは言いたいらしい。何度も言われると吾輩も父さんに洗脳されそうだ！

吾輩ワンコたちより、人間社会のほうが難しいかもね　某年某月某日

吾輩は平和主義で博愛主義だが、どうしても好きになれない犬がいる。これは日本犬、洋犬を問わない。そういう犬に出くわすと、どういうわけか挑みかかっ

て吠えてしまう。そのたびに飼い主様に「仲よくしなさい！」と叱られるんだけど、自分でも吠えてしまう理由がわからないでいる。とくに、何か嫌なことをそのワンちゃんにやられたというわけでもないんだけど、何かシックリこないんだよねー。理屈ではないのだ。正に「野性の証明」なのだ（昔、〝角川映画〟のヒット作品に同名の映画があったらしい）。

「こういうことは、人間社会でも国際関係でもあるんだ」と飼い主様が話し合っていることをよく聞かされる。もちろん、吾輩に言い聞かせているわけではないようだが、吾輩なりに飼い主様の会話がだんだん理解できるようになった。

理屈ではないことがどの世界でもある、ということだな。人間様の場合は〝文化の違い〟などという吾輩の世界とは次元が違うややこしい事情があるようだ。

人間社会は難しいね。父さんが行きつけの飲み屋さん「ゆうき」に集まる常連客さんたちの間にも〝好き嫌い〟があるようだ。吾輩もよくその店に飼い主様と同行することがあるのだが、そういう雰囲気を感じることがある。しかし、基本的には皆さん吾輩の〝ゴ贔屓〟さんであり、まさに吾輩はそのようななかで〝扇の要〟ではないか、と自負している。

今日も父さんの嘆き節は止まらない　某年某月某日

吾輩の生活サイクルは、基本的には〝ご飯と散歩と寝ること〟、この3つで成り立っている。実に気楽なものである。唯一の仕事としては、宅配便のお兄さんが母さんの注文した荷物を届けにきたときに吠えることくらいである。父さんから「いつものお兄さんだから吠えんでもよろしい。わが家の食料を届けてくれるんだから敵ではないよ！」と、何回も言われるのだが、吾輩とすれば、〝無為徒食〟するわけにはいかないのだ。飼い主様に対してはこれまで育ててもらってきている、という恩義があるし、万一、〝宅配便のお兄さん〟が実はいつものお兄さんでなく、怪しい人物であるかもしれないので、一応吠えて確認しなければ気が済まないし、〝本人確認〟できた後でも、惰性で吠え続けるのである。

ひとしきり吠えて、お兄さんが帰った後、吾輩はそれなりに仕事の達成感を実感して、やおら父さんが座っているソファーに飛び乗って、父さんの体に自分の体をすり寄せて、鼻で長い息をひと吹きして、やっと落ち着く、というのが一連の動作なのである。要するに、〝天敵〟のいない生活だから気楽なのだ。実は父さんたちは吾輩のそのような生き様（日常）をうらやましがっている。

それに引き換え、われらが日本という国には周囲に天敵（？）が何カ国もあるということを父さんが嘆いている。国内にもそのような不届き者がたくさんいるらしいので「アホらしい、情けない！」とも言っている。父さんは酒を飲みながら、そのたぐいのことをブツブツ言うから血圧が高いそうである。降圧剤というものが手放せないらしい。

降圧剤といえば、厚労省が公表している「高血圧の基準」も、実はあてにならないらしい。個人差があるから難しい、と父さんの弁。

それはそうと、とにかく現代人は病院で何種類もの薬を処方され、薬漬け状態といっても過言ではないそうだ。吾輩もそうならないように気をつけよう。薬で健康を害するなんて、考えもんだよ。

某年某月某日

買い物散歩

吾輩はたびたび散歩を兼ねて父さんとコンビニに行くことがある。そのようなとき、だいたい吾輩は歩道の垣根の鉄柵にリード（犬の散歩用のひも）を結えられて待機させられる。しかし、こんなときは父さんが買い物を終わらせて戻ってくるまで、脇を歩く人々に吠えかけたことはない。吾輩が人様に自慢できる数少ない事柄である。

というより、これは近くを通る人たちのことより、実は父さんが本当に吾輩の元に戻ってくるのか不安になるから、ということのほうが大きい。店の裏口から父さんが出て行って置いてきぼりにされるのではないか、と不安なのだ。〝生意気〟な性分だけど、吾輩は実は気が小さいのだ。だから、店の窓越しに吾輩はずうっと父さんを目で追っている。父さんと母さんと吾輩がいっしょに買い物に行くと、母さんがなかなか買い物を終えて早く戻ってこないことが多い。しかし、父さんはそれに対しブツブツ文句を言うくらいで済ませているが、父さんが吾輩と二人で買い物に行くときは、サッサと買い物を済ませ、ほどなく吾輩の元に戻ってきてくれるから嬉しい。

母さんも少しは父さんのそういうところを見習ってほしい。母さんの悪いところは、たとえば「ネギを買いに行く」というときも、店を出てくるときは別の野菜やそのほかの総菜が何種類もレジ袋に入っていることだ！　だから当然、とても所要時間1～2分じゃすまないわけだ、ワン!!

とにかく母さんは買い物の品数が多過ぎる。

今日の買い物散歩は父さんでよかった！　ワン、ワン!!

お医者さんの選択

某年某月某日

実は、数年前に、ある動物病院のお世話になったことがある。吾輩の歩行の仕方がおかしくなったから飼い主様が不安になったのだ。吾輩が歩くとき、一時的に右後ろ足を引き上げたまま3本足で歩くようになったので、飼い主様としては吾輩の体の初めての異変に焦ってしまい、地元の獣医から「知り合いに腕のいい動物病院があるので紹介します」と言われて、わざわざ雨の日に車で行った動物病院が、いわゆる〝ボッタクリ〟だったのだそうだ。

マコトしやかに吾輩の体について複数の方向から10枚くらいレントゲン写真を撮ったり、血液検査をしたり、そのほかに血圧の検査などをやっただけで、8万円の請求を受けて、父さんは大いに憤慨してひっくり返ったらしい！

この事件については、吾輩は図らずも飼い主様に対し甚大な損害を与えたと、後悔している。しかし、吾輩自身もなぜそういう症状が出たのか、わからなかったので、しょうがないことだ。当時、〝犬語〟でこのことを飼い主様に伝えられなかったので、実は歯がゆい思いをしたものだ。

今はその気持ちがどうやら飼い主様に伝わっているようであり、少しホッとしているが、吾輩も今後は病気しないように気をつけている。

父さん自身は「いくつもの臨床例を経験しているはずの獣医さんが、少し観察してそのワンコの症状が〝ワカラン〟わけがないではないか‼」と口角泡を飛ばしながら怒っていた。結局、数日様子を見ていたら3本足歩行もしなくなって、治ってしまったよ。

ところで、その獣医はさらに2万円もするサプリを処方しようとしていたので、父さんは「ノー・サンキュー、ノー・サンキュー！」と言って即座に断ったそうだ。そして、そのことをそのスタッフさんが院長先生に伝えに行ったところ、父さんのところに返事が返ってくるまでに10分くらいかかったそうだ。それは、人間様のお医者さんが、近ごろは患者の顔ではなくパソコン画面だけを見て応対する、

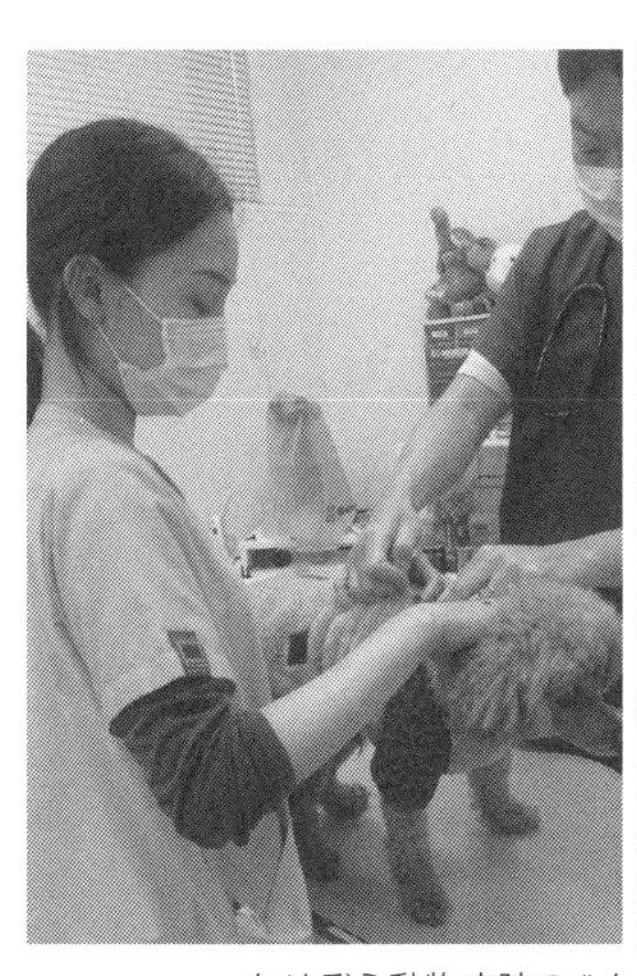
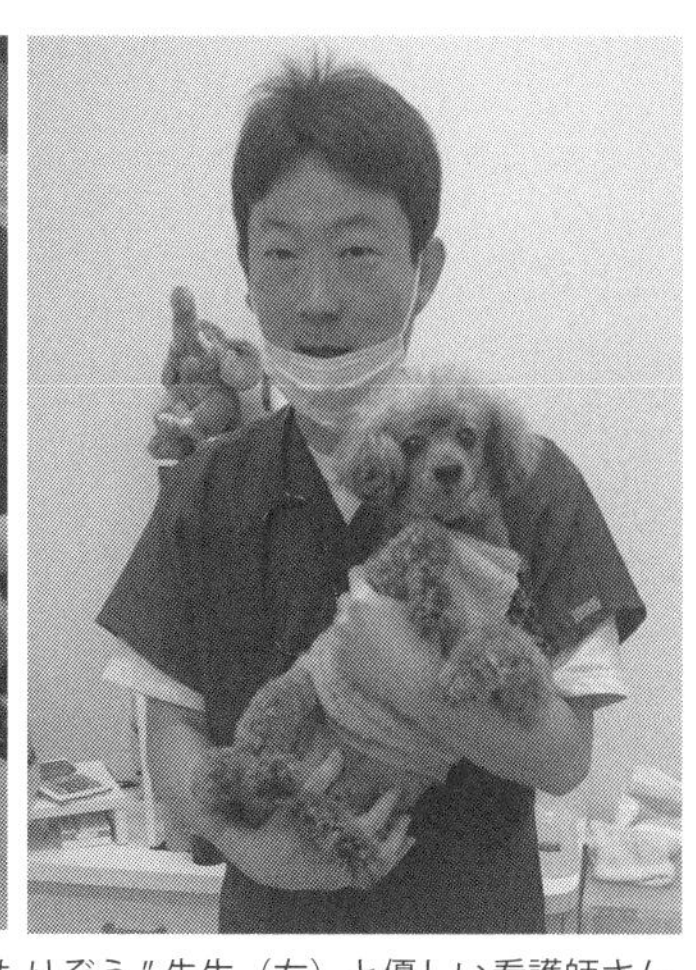

もりぞう動物病院の〝もりぞう〟先生（右）と優しい看護師さん

といわれていることと相通じるのかな？　要するに、患者が不在？

そんなことからも、地元である杉並の「もりぞう動物病院」が一番、良心的で信頼のおける病院だという結果に至った。ボッタクリ病院みたいに無駄な検査や治療はせず、必要な処置のみしてくれる。吾輩は定期的に予防接種もしてもらっているが、飼い主様に事前にきちんと薬の説明をして、納得させて注射を打ってくれるようなのだ。だから吾輩も安心して先生の〝お縄〟にかかるのである。でも、やっぱり注射はキライ。

いずれにしろ、それ以来、飼い主様

は吾輩の体調にはすごく気を遣ってくれているのでありがたい、ワン！

某年某月某日

地球を大切に

去年（平成30年）の夏は暑かったな〜。異常気象もここまできたら、今年はさらに「たまらん暑さになるだろう」と思っていたが、今年の夏も何とかもちこたえたいものだ。とにかく吾輩は暑いのも寒いのも苦手なのだ。ゼイタクなのだ！

人間様と一緒で、ヒーターの前に座っていればしのげるので、やはり、どっちかというと寒いほうが調節がきいていいかな。同じ四つ足動物である北極グマ君たちも、思ったほどの暑さではなかったから、少しは安堵したかな。

正確に理解できているかどうか自信はないが、飼い主様ご夫婦の会話を聞いていると、「地球温暖化はイカン！」と分かっていながら、二足歩行動物である人間が好き勝手して自己中心的行動をとっているとのこと。いつまでもそんなことしてるとバチかぶるゾ！　ワン!!

「CO2排出は地球の温暖化の原因ではない！」という、いわゆる知識人がいるそうだが、これは「CO2を排出させることで生計を立ててる人なり企業なりにすり寄った曲学阿世の輩だろう」と、父さんが息巻いている。吾輩も飼い主様も科学的に確認できているわけではないが、多分、CO2が温暖化の主な原因であることは間違いあるまい。化石燃料を燃やし続けているのだから当たり前だろう！　ワン!!　一般国民は〝賢い（ズルい）人たち〟の思うままに振り回されているようだ。

そういえば、吾輩が飼い主様の家族になった6年ほど前は、庭に霜柱が立っていたが、ここ数年、それが見られなくなった。地球が壊れかかっている。ワン!!

令和元年8月29日

伝統芸能について

今日は、父さんが荒川区の町屋というところで日本の伝統芸能である〝長唄〟とかいうものを観に行ったので、吾輩は荻窪の自宅で留守番であった。母さんもほかの用事で出かけていた。

その間、あまりにも淋しかったものだから、父さんが帰ってきたら大喜びして、玄関口で〝ペロペロ迎え〟したものだ。

そのあと、父さんは母さんとその芸能について話していた。もちろん、吾輩自身はその内容を十分には理解できなかったが、飼い主様がそれなりに楽しかったんだろうなという感じが伝わってきたので、それはそれでよかった。

〝伝統芸能〟というと、「やってる人たちは、本当にそれを愛しているんだろうな」と父さんが言っていた。それまで、ほとんどそのような芸能に関心を示さなかったらしい父さんが、しみじみそう言っていたのである。父さんもあの年になってモノの価値が少しわかってきたそうだ。「Better late than never!!」（遅くなってもやらないよりはマシ!!）と、母さんが言ってたよ（母さんは英語が得意）。

伝統芸能のうち、相撲の世界が最近ちょっとおかしいらしい。国技としての品格が一部の上位力士のせいで崩れかかっているというのだ。昔のお相撲さんは美しさ、礼儀正しさが伴っていたそうだ。残念ながら今は〝勝つことのみ〟が目的らしい。ここでも「人間は節度がない」と父さんが憤慨している。「相撲協会はどういう方向に相撲界をもっていこうとしてるのか、サッパリわからん！」と言うのだ。これについては、勢、炎鵬などイケメン力士ファンの母さんも同感だって。

某年某月某日

静寂と喧騒

今日は珍しく、セミの〝ツクツクホウシ〟がうるさかった。父さんは、やはりそれは「自然環境が変わってきているので、日本が住みにくくなっているのかもしれない」と、くどくど訴える。吾輩は父さんの愚痴をほとんど毎日のように聞かされる。ツクツクホウシと同じくらいうるさい。しかし、吾輩はこれにも少々〝慣れ〟てきつつはある。

父さんには悪気はなさそうなので、そんな愚痴も〝右から左へ〟聞き流してあげようと思う。これも、日頃、吾輩をかわいがってもらっている以上、しょうがないことと諦めている。

〝音〟といえば、しょっちゅう煩わしい環境の中にいると人間様もよくないだろうね。ストレス溜まるだろうし、静かにモノを考えることができなくなり、人心が〝平和〟でなくなるのだろう、とは父さんの弁。父さんの子どもの頃は、たとえばテレビでアニメマンガを観ていてもそれに集中できたから、周りが少々ザワザワと話していたりしても、アニメの台詞が邪魔されることはなかったそうだ。

しかし、今の年齢になって〝邪念〟が多くなった父さんはもう集中力がなくなって、「ちょっと静かにして！」と周囲（家族）を叱ったりしているのだ。

某年某月某日

自然との調和

台風というのがくると、吾輩の生活には大いに迷惑がかかる。事実上、外出が制限されるため、〝オシッコ散歩、ウンチ散歩〟ができにくくなるのである。

飼い主様も傘をさしてブツブツ言いながら散歩するので吾輩も嫌だし、もともと楽しいはずの散歩が実にツマラない！　雨はできれば寝ている間の夜中に降ってほしいものだ。

飼い主様が言うには、世界中で化石燃料を使いまくっているため、地球の温暖化が進み、海面温度が上がっていることが台風多発の原因の一つらしい。

人間様はバカだね。ひと頃、同じ四つ足動物である牛君の吐く〝ゲップ〟にメタンがたくさん含まれていて、それが地球温暖化の原因だ、といわれていた時期があったそうだけど、そんなことあるわけない。同じ四つ足仲間である牛君には同情するよ。〝陰謀者〟たちによる濡れ衣、責任転嫁、目眩(めくら)ましもいいとこだね。

某年某月某日

床屋大好き

今日は、父さんのお供で、自宅近くの父さんより少し先輩のお姉さんが経営する床屋さんに行った。それほどお客さんがいるわけではないので（お姉さん、ゴメンね）、ワンコである吾輩もそのお店にお供できるのだ。しかも、最近では〝予約制〟の店が多いから、ほかの人と〝バッティング〟することも少ない。

ところで、床屋さんの店は床が冷たいので、暑い夏の今、吾輩も寝そべるにはヒンヤリ感があってすごく気持ちいい。散髪が終わるまで待つこと40分くらいだが、父さんはお代のお返しに床屋さんからいただく手土産と〝おまけのマッサージ〟にハマっているらしい。

父さんはその店に入る前と後で気分が全然違うようだ。マッサージはありがたいんだろうけど、暇そうな父さんが仕事でそれほど疲れているとは思えないけどね。まっ、父さんが忙しくなるように吾輩とすればサポートするよ。

※この床屋さんは「サビ（ＳＡＢＩ）」という店だったんだが残念なことに最近、店じまいしてしまった。父さんがすごく残念がっている。どこの業界も価格競争が激しいので、その〝あおり〟を喰ったらしい。

某年某月某日

ホドホドが一番

やっと暑い夏が終わりそうだ。吾輩が散歩していて、何が一番イヤかというと、アスファルトの照り返しである。ワンコに靴を履かせている飼い主さんもいるけど、吾輩は年中、ハダシ!! 靴を買ってもらえない訳じゃないよ、念のため!!

飼い主様は日陰のある場所を選んだり、日が沈んでから散歩する、ということで、吾輩に「靴なし」散歩をさせてくれているのだが、そのことについても実は飼い主様に感謝している。ありがたいことだ。〝地べた散歩〟が一番だからね。靴を履いた散歩はなんだか〝地に足が着いていない〟気がして、イマイチだなという気がする。

ここでも、「自然とどう折り合うか」というのが、やはり、飼い主様の口癖なのだ。

人間様も含めて、その他の生き物にとっても、せっかくいただいた地球を大事にしたいな、と思うね。それを諦めて〝宇宙開発・宇宙旅行〟をめざすなんて、ばかばかしくてナンセンスだね。やっぱり、吾輩は飼い主様と一緒に荻窪で一生を終わらせたい、ワン！　ちなみに、「何とかと煙は高いところに上る」というような言い回しが、昔から日本にはあるそうだ。

某年某月某日

風雅

コオロギの音色はいい。吾輩の耳にも心地よい。夏と秋の狭間で、しっかり季節の〝バトンタッチ〟をしてくれる。父さんも気に入っている季節らしい。

なぜかというと、父さんと母さんは、暑い時期は頭に血が上って激しい口喧嘩をするのが常だが、秋口になると、精神的に比較的に〝オダヤカ〟になって理性的になるようなのだ。夫婦喧嘩をするのであれば、〝血の気いっぱいの感情〟を抑えて、なるべく涼しくなるまで待ったほうがいいらしい。飼い主様たちを観察して6年あまりだけど、そんな感じがする。

しかし、そんなことが実行できるわけないね。喧嘩は〝瞬間芸〟でしょ。吾輩も気に食わないワンコに対しては、季節は関係なく〝瞬間芸〟で吠えるのだ。そういうときは「もう・ど・う・に・も止まらない！」。山本リンダか、吾輩は‼リンダさんといえば、昭和歌謡界で大いに鳴らした歌手だそうだ。甲子園の応援歌にも採用されているらしい（ウララ、ウララ…ウラウラで…♪♪〜）。

すごいね、これはもう立派な文化だ、と父さん。甲子園はいいね。甲子園は暑（熱）いほうがいい！

某年某月某日

〝愚か〟な人間

長く暑い夏が終わった。この夏の間、何度か会ったことのあるワンちゃんを見かけなくなった。〝不幸〟でもあったのかな。この暑さを乗り切ることができなかったのかもしれない。あるいは寿命だったか。

人間社会では、武器、しかも飛び道具を使って人間同士が殺し合うことが多いわけだが、吾輩の世界ではそういう酷いことは絶対にしないんだ。飼い主様も「今

度、生まれ変わることがあれば、ワンコだ！　人間もワンコたちを見習うべきだ！」と口から泡を飛ばして言っている。とにかく、吾輩の世界ではよほどのことがない限り、仲間を殺すというようなことはしない。人間は〝よほどのことがなくても〟平気で人を殺すのだ。そこへもってきて、「宗教がどうだこうだ」とエラそうに言うのだから、人間様の思考回路には首をかしげるね。神様とか仏様って、一体、何なの？　仏教はバランスがとれてていいらしい。

ところで、放っておくと人口が爆発的に増えるから、戦争せざるを得ないという説もあるらしい。それに引き換え、われわれ動物の世界は節度があるから、戦争などしなくてもいいのだ。戦争といえば、人を殺す兵器をつくることで生活している輩が人間界にはたくさんいるらしい。

〝中東〟とかいう地域では、武器をつくる能力・施設なんかをもっていない人々が先進国から爆弾とか機関銃とやらを持たされて、近隣地域の人々と殺し合っていると聞いた。実に可哀想だ。吾輩の仲間もそのなかで犠牲になってるはずだ。痛ましい。

某年某月某日

父さんの仕事場に行ったよ

家に誰もいなくなるからということで、今日は父さんが吾輩を父さんの仕事場である法律事務所に連れていって、事務所のスタッフさんたちに吾輩の面倒を見てもらうことになった。

しかし、そのとき、たまたま父さんは用事があって事務所を留守にしたのだが、それがさびしくて、さびしくて、吾輩は父さんがいなくなって父さんが帰ってくるまでの約5時間、事務所の玄関ドアの内側に身じろぎもせず、あの有名な〝ハチ公〟みたいに座っていたのさ。自分で言うのもナンだけど、「見上げたモンだよ、カエルのションベン!!」(寅さんか!?)

小心者の吾輩とすれば、例によって「ひょっとしたら父さんは戻ってこないんじゃないか?」と不安になるんだよね。

人間様の世界でも、これまでにない〝不安な時代〟になっていると父さんが言っているね。世界のリーダーさんたち、よろしく舵取りお願いしますよ、ワン!

国の内外を見渡す限り、父さんによれば、およそ、現代の政治家さんたちが実に頼りなく見えるそうだ。彼らの顔には〝歴史の積み重ね〟が感じられないとのこと。みなさんがお金・権力のほうばかり見ている、というのだ。お金は〝飢えない程度〟にあれば十分らしい。

某年某月某日

愛想について考えてみた

今日、母さんは用事があってご近所のお宅へ行った。母さんは外での〝かけっこ〟や屋内でのタオルの〝引っ張りっこ〟でいっぱい遊んでくれるけど、父さんはテレビを見てゴロゴロしてるだけ。吾輩はリビングの窓際のカーテンの脇から、母さんが帰ってくるのを待って庭の外を眺めてじっとしているのさ。あー、母さん、早く帰ってきてくれないかなー。

でも、母さんがいるときは吾輩も〝安心〟なので、父さんに愛想を振りまいてやることにしている。何事もバランスが大事だと思っているからね。適当に吾輩

から愛想を振りまかれている父さんはそれなりに嬉しそうだから平和、平和！

※ターボ、それはないだろ〜！　父さんだって〝ボーッ〟としているように見えるらしいけど、いろいろ考えとるのだ！

それはそうと、〝愛想〟というのは必要だね。お金の〝お愛想〟は少し空しいところがあるけど、それを超えた〝心のお愛想〟は大事なものだね。社会の潤滑油だからね。吾輩だって散歩で通りすがったワンコのお尻のほうに回り、〝クンクン〟することがある。これも立派なお愛想だよ。

某年某月某日

人（犬）種なんて関係ない！

ところで、前にも言ったように、トイプードルである吾輩はフランスがルーツなのだが、国籍なんて関係ないね。まさにワンコの世界もボーダレスでグローバル！　ラグビー日本代表のキャプテンであるリーチ・マイケルも「日本のためにガンバル！」と言ってるらしいけど、気持ちが日本人であれば、「あれは元々外国人だろ!?」などと考える必要はない。

吾輩も今や〝日本犬〟だからね。要するに、人（犬）種は関係なく、仲よく馴染めればいいんだ。父さんもそう言っている。たまには父さんもいいことを言う。吾輩も大概の日本語は理解できるようになっているのだ。

もともと、人（犬）種なんて同じ〝生き物〟なんだから一部の人種が偉そうにするなんてナンセンスだな!!　この〝偏見〟というものがいつの世から生まれたものであるかは知らないが、およそ人間を含む動物というものが起源したときからあるんだろうな。

某年某月某日

人も犬も無視されるのはイヤ

先ほどまで、相撲中継を観ていた父さんがテレビを見終わると、珍しく何やら資料を眺めている。普段なら〝ボーッ〟と酒を飲みながら頻繁に吾輩を見るのに、仕事をしているときは吾輩が父さんを見つめているにもかかわらず、一心不乱に仕事用の資料を読み耽っているのである。そういうときは無視されているようで少し淋しい。

あっ、今、父さんと目が合った！　しかし、それは瞬間で、いつものように吾輩を抱っこしようとはしない。ひねくれてやる!!　構われすぎるのも嫌だけど、無視されるのも嫌だね。この感情は吾輩のような動物の世界だけでなく、人間社会でも国際関係でも同じようだね。

最近、世界情勢を見ると、諸外国から日本が軽視されかかっているようだ。元々優秀な国民らしいから〝帰化人〟の吾輩とすれば、日本国に巻き返しを図ってほしい。ガンバレ日本！

父さんは感動したいのだ！

令和元年9月19日

日本でもプロ野球というのがある。フランスにもプロ野球があるようだけど、あまり知られてなさそうだ。ところで、〝野球〟というスポーツ観戦に父さんも昔は熱中していたそうだけど、ここ20年くらい熱が冷めていたらしい。

しかし、政治・経済の世界があまりにもつまらないからといって、最近ではスポーツの世界に〝回帰〟したらしい。

政治・経済の世界はもう何年も生きていると目新しさがなくなったが、スポーツの世界ではまだいろいろ感動させられることが多い、というのだ。

読売巨人軍のリーグ優勝にもそれなりに喜んで「よかった、よかった、クライマックスシリーズ（CS）はもういらないんじゃないか？」という変貌ぶりだったね。

吾輩はそういう機嫌のよいときの父さんの傍らにいられるだけで、それなりに幸せである（しかし、その後、日本一決定戦でソフトバンクにコテンパンにやっつけられたので、父さんが今どういう心境であるのか……？）。まぁ、しかし、それでも政治・経済よりスポーツ界の素晴らしさに感動している父さんは生き返ったようでいいね。

スポーツの世界でトップになった選手には評価に値する人が多いそうだが、政治の社会では必ずしもそうではないらしい。スポーツ選手みたいに努力して、トップになった訳じゃないからかな？

某年某月某日

食い物にゼイタク言っちゃダメ!!

今朝は、母さん好みのかわいらしい服を着て父さんとオシッコ散歩に出た。やはり、自分でもかわいい服を着ると気分がよい。足取りが軽くなる。その結果、散歩の距離が伸びて、ウチに戻るまでの時間が幾分、長くなる。しかし、母さんがウチで美味しくてバランスのとれた朝ごはんを用意して待っているかと思うと、そろそろ帰ってやらんといかんな、と思い、踵を返した。

さあ、ごはんだ!! ごはんのオマケは吾輩の好物のゆで卵だ。ちなみに父さんもゆで卵が好物で、「〝最後の晩餐〟はゆで卵だ!」と、ことあるごとに言っている(父さんはいつものことながらしつこい!)。そうは言いながら、父さんは根っからの貧乏性なので、「一度に20個食べることが夢である」のに、まだそれを実行したことはないそうだ。

糖質はあまり気にしないでいい食べ物なのに、いまだに〝20個〟食べたことがないというのは、やはり父さんは貧乏性なんだね。しかし、〝貧乏性〟というのは、モノをありがたく思うことに通じるからいいことではないかな。〝一日3食が2食になる〟ということに通じる。

ところで、吾輩は知らなかったが、いつの頃からか食品に〝賞味期限〟とか〝消費期限〟というのが付けられたそうだ。ムダな食品廃棄物が増えてよくないね。「そのうち外国からの輸入食品が減って、今に日本人は食えなくなるよ」と父さん。実は、父さんはそれに備えて猫の額のような狭い庭でこそこそと野菜を栽培しているのだ（ちょっとイジマシイ！）。

某年某月某日

リサイクル

飼い主様は猫の額のような狭い庭に、何やら数種類の野菜を育てていると前に書いたが、そのために、吾輩のウンチとオシッコを肥料としてあげている、ということは言ってなかったと思う。

うちでは、〝資源の利・活用〟ということで、なるべく吾輩の排泄物を土に還している。それだけでも、地球環境保全に貢献していると思うので、そのときは自らの排泄の快感とともに、それにより自然保護に対する貢献をしているという満足感に満たされ、その結果、朝起きて庭を散策するのが実に誇らしい（さすがに父さんは同じことはしていない！　一応、弁護してあげたよ父さん、ワン！）。しかし、その反面、吾輩のオシッコのために父さんを早起きさせなければならないことに少し申し訳ないとは思っている。とは言いながらも、〝早起き散歩〟ということで飼い主様の健康増進に貢献しているという自負も少なからずある。

ところで、人間社会では〝早起きは三文の徳〟というそうだが、父さんの〝朝8時起き〟ではたいした〝徳〟はなさそうだ。

最近、父さんは寝てる間のトイレ回数が多くなったというのだから、最初か2回めのトイレ行きの後、ベッドから潔く出て起きてしまえばいいのに、用を足し終わってホッとすると〝意地汚く〟またベッドに潜り込むのである。まったくしょうがないね。

某年某月某日

〝良い加減〟でいこう！

あまり言いたくはないんだが、吾輩がウチにきてから、飼い主様は遠出の旅行ができなくなって、自宅がある杉並区からほとんど出られなくなってしまったそうだ。ごめんね。

しかし、吾輩が言うのもナンだけど、飼い主様に言わせると物見遊山に出かけるより、住み心地のよい杉並で吾輩と〝ダムロ〟していたほうが、はるかに満足できているそうな。実は、小型犬である吾輩もそうである。人混みは神経が疲れるからね。

〝神経が疲れる〟といえば、父さんがほとんど毎日のように愚痴っている「日本の政治、ひいては世界情勢が何たらかんたら変」だね。しかし、父さんとしてはもっと仕事をして、母さんと吾輩の生活を楽にさせて、政治のことは政治家に任せて、〝良い加減〟でいればいいと吾輩は思う。実は、これは母さんの代弁なんだけどね。

父さんもその辺のことはそれなりにわかっているらしいんだけど、まだ少しばかり政治関係に未練があるらしい。「〝前期高齢者〟には政治家ムズカシー!! とにかく、〝任せられる〟若い政治家に頑張ってもらいたい!!」と、父さん。例のスウェーデン人である〝グレタちゃん〟のような自分と世界の将来を真剣に考えざるを得ないような年代の人には〝過激にならない程度に〟頑張ってもらいたい。

「人間の大人たちは一体、何をやっているんだ、マネーゲームはやめろ！」

ワンコの分際でつい偉そうなことを言ってしまった!!

某年某月某日

袖すり合うも多生の縁

今朝は散歩中に初対面のご近所さんから声をかけられた。どうやらワンコを飼っていないご近所さんのようだ。別のワンコを飼っている人であれば匂いでわかる。吾輩が気に入らない匂いをもっているようであればその人に吠えることが多い吾輩だが、今朝のご近所さんはそういうことがなかったから吾輩も大人しいものだった。

父さんも吾輩が人に吠えないと機嫌がよい。ニコニコとそのご近所さんに挨拶しつつ、談笑している。そんな穏やかな雰囲気がわれながらまんざらでもない。

「笑う門には福きたる」というコトバはいいね、楽しいことがなくてもニコニコ笑う、ということをすれば身の回りのことがそれなりに上手くいくそうだ。まるで手品みたいだけど、普段シカツメらしい顔をすることが多い父さんは、常にそうしたほうがいいな。

某年某月某日

自然環境を大切に

散歩中、大きな交差点に近づくと、父さんが吾輩を抱っこしれくれる。車の通りの多いところでは、地上1メートルくらいの所までは排気ガスが濃いということを聞き知った父さんが、交通量の多い所では吾輩を抱っこすることで悪い環境から保護してくれるのだ。

1メートル以上ある人間だって排気ガスを少しは吸うだろうから、まったく安全ではないと思うけど、住環境を変えなければそれを避けられない以上、しょうがない。各人ができる限りの防御策をとるしかない。

結果論だとは思うけど、人類は自動車というものを造りすぎたのではないか(父さん弁)。

今さら変えにくい〝悪循環〟と聞き知ってはいるけど、この地球、失うにはもったいないね。「経済か、地球温存か、どっちが大事か、よ〜く考えてみよう‼」。本当は〝よく考えなくても簡単にわかること〟だよね。

しかし、残念ながら、こんな簡単なことがわからない人たちが、現実には世のリーダーとなっているんだね。〝ナンマンダブ、ナンマンダブ！〟。

某年某月某日

油断大敵

吾輩は、家の中で寝たふりをしていても、外に宅配便がくると、遅くともほとんど同時にそれが察知できる。たちまち〝ガルル〜ッ〟するのだ。吾輩だって〝ボーッ〟と生きてるんじゃないんだよ、チコちゃん‼

「それじゃ、神経休まらないだろう」と、飼い主様は心配するけど、「心・配・ご・無・用！」。本能なんだから。

吾輩から見ると、日本国は平和ボケしていて心配である。吾輩の母国フランス

では、隣国と地続きだから国防意識が高いらしいけど、日本は島国だからノンビリ屋さんなのかな。ま、吾輩とすれば〝家内安全〟をモットーに、これからも〝侵入者〟に対して〝ガルル～ッ〟し続けよう。

〝島国〟というだけでなく、日本は太平洋戦争とやらに負けてから腰抜けになったという話もある。これも戦争に負けた、ということ自体もさることながら、それゆえにその後、短い期間とはいえ、日本がアメリカという国の支配下に置かれた、ということが大きいらしい。どうやら父さんは〝勝てば官軍、負ければ賊軍〟という言葉が嫌いらしい。〝美意識〟を人並みにもっている父さんらしいね。

某年某月某日

朋友ピーチ

秋晴れの下、父さんと散歩。友だちの〝ピーチ〟がいるイタコさん宅に散歩に行こうと思うのだが、父さんが平日の明るい時間に訪ねるのはよくないと言う（ちなみに、イタコさんというのは、ご夫婦とご長男とで、江東区で不動産業を営んでいるご家族だ。どうやら、すごく面倒見がよく、周囲の人たちの信頼が厚いら

しい。飼い主様もすごくお世話になっている)。とりあえず、イタコさん宅の近くまで行ったのだが、父さんの気持ちを尊重して引き返すことにした。その結果、残念ながらピーチには会えなかった。

ところで、〝尊重〟とか〝忖度〟といえば、少し前にマスコミで報道された人間社会の政治スキャンダルがあったが、吾輩の世界には〝政治〟というのがないので、そのようなことが〝話題になる〟ということもない。吾輩の世界は単純なので、人間社会ほど面倒なことはないのだ。人間のみなさま、大変にご苦労さん！

しかし、苦労しているはずなのに、人間のみなさんは〝あきれるくらい〟長生きするんだよね。人間社会では吾輩の世界の平均寿命の優に5倍はあるね。二足歩行が長寿に繋がっているのかな？　もっとも、父さんは吾輩と同時期にこの世をオサラバしてもいいって言ってるよ。それくらい吾輩に惚れている!?

イタコさんちのピーチ（右）と吾輩

父さん、神社へ行く　　某年某月某日

今日は、家の近くの井草八幡宮の秋祭りだった。飼い主様は神酒所に行って、吾輩は留守番だった。後で聞いてみると、父さんは何かの手伝いをするのではなく、単に、お神酒を飲んでいるだけだったとのことであるが、母さんはそれなりに手伝いで働いていたそうである。……納得！

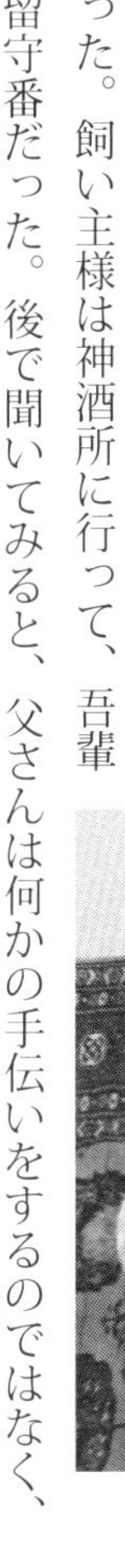

しかし、そもそも父さんの酒癖はまったく悪くなく、「品のある飲み方だ」とお友だちに評判で、周りには一切迷惑はかけていないようである。日頃、吾輩も傍らで見ているけど、酒を飲んでいる父さんに絡まれたことは一度もない。ただ、外で飲み会の二次会、三次会に行ったときは、どうやって家に帰ってきたのかまったく覚えていないということが〝珠にキズ〟かな。

ところで、「〝酒も飲まないのに〟我が国に絡んでくるわけのわからない近隣諸国があるけど、それは凄く困る」とは父さんの口癖。むしろ、近年、それら諸国においては、日本に対する〝絡み方〟がさらに激しくなっているらしい。社会の

根本には〝互恵思想〟というのが世界にはあるはずだ、と父さんの弁。つまり、〝お互い様精神〟である。しかし、それが現代ではその精神が薄くなっているらしい。

某年某月某日

父さんの顔を立ててみた

今日は吾輩も家の近くの八幡様のお祭りに駆り出された。父さんはまた、お神酒を飲むのが目的で喜んで参加したんだけど、吾輩はそれほど、気が進んでいるわけではない。

しかし、父さんは吾輩がしゃべれないもんだから否応なく吾輩を〝連行〟するのである。どうやら父さんは吾輩をご近所さんたちに見せびらかしたいらしいのだ。ま、衣食住与えてもらっているから、たまには父さんの顔を立てないとしょうがないいか。

人間社会もそうらしいけど、やはり飼い主様と吾輩の関係でも、潤滑油として、ある程度〝ぶりっ子〟をしなければ〝世渡り下手〟といわれて生きにくくなるんだろうな、という気がしている。

食い意地　　　　某年某月某日

今日は、吾輩ちょっと食べすぎたかな。もともと、食い意地が張っているんだけど、自分の分を食べた後、飼い主様がまだ食べていると、ついつい、また欲しくなるのさ。一緒の行動をとりたいという〝甘え〟だと思うけど、母さんは、それを面倒くさがり、「もう、これでおしまい、おしまい」と言いながら、申し訳程度の〝オマケ〟をくれるのだ。

吾輩とすれば、それにより人間社会の経済活性化に貢献できれば、と思って駄々をこねているつもりなんだけど、飼い主様にはそれが理解できないらしい。日本経済の発展と食いすぎることによる吾輩の健康、どちらを重視するか、だね。

※父さん曰く、「お前が食う分など大した経済効果、ないやろ〜！　アホか!?」。ま、いろんな場面でどっちを選ぶか、判断を迫られている真面目な政治家さんは大変だろうな、とも父さんは思っているらしい。

某年某月某日

スポーツ観戦は楽し

昨日は飼い主様の〝飲み友〟数人がウチにきて、ラグビーの日本対スコットランド戦を観て、〝ワイワイ、ガヤガヤ〟の大騒ぎだった。耳のよい吾輩とすればウルサくてしょうがなかった。

しかし、どうやら日本が勝ったらしくて、みなさんが楽しそうだったからよかったな。〝ヤカマシサ〟は吾輩が我慢すればいいだけのことだ。次の〝ワクワク〟スポーツの開催があれば、またみなさんにウチにきてもらってテレビ観戦してもらおう!!　しかし、ウチのリビングルームは狭いので〝50人くらい（!?）〟しか入れないけどね。

ちなみに、そういうときは父さんがお仲間と酒を飲んでても、母さんは文句を言わないのだ。

ところで、後日談だけど、決勝トーナメントで日本は南アフリカに完敗したとのこと。力の差がまだまだあるんだね。でも、だんだん〝差〟が縮まるね、もともと、日本人は頑張り屋さんらしいから。元フランス犬である吾輩も日本を応援するよ!!

道楽と社会　　某年某月某日

今朝も、母さんが、吾輩と父さんを家に置いて日比谷に宝塚歌劇団の舞台を見に行った。どうやら、それだけが母さんの生き甲斐らしい（？）ので、しょうがない。

母さんが帰ってきたとき、吾輩は玄関口で母さんに〝ペロペロ〟さ。しょっちゅう一緒ではなく、適度な距離感があって、それはそれでいいのかな。

父さんも常々、「夫婦づきあいも、ご近所づきあいも、もろもろのつきあいも、適度な距離感をもたなければいかん」と言っているようだが、それでいいんだろうね。

世界の各国のつきあいもそうであってほしいよ。干渉しあってたら、ロクでもないことが起こりそうだ。利権争いで諸外国が相手国を威圧しあっているらしいが、いい加減にしてほしいもんだ。

そういうことに躍起になっている国の指導者の下にある民衆が不幸だ。為政者はもっと〝シモジモ〟のコトをよく考えてくれ～！　為政者は〝自己保身〟のためにマコトしやかに〝国益〟を第一義とする素振りだけはしてるようだけど、国民はそれに騙されちゃイカンね、ワン!! 為政者のみなさん、空振りしないようにね！

〝イサカイ〟はナシにすべし

令和元年10月13日

今年は台風の当たり年だそうで、吾輩の「散歩もままならない」と父さんが嘆いている。

しかし、吾輩も吾輩なりに色んな経験をしないとイカンと思っている。人（犬）生、順風満帆であるわけがない！ 大雨被害で亡くなった方がたが多数出た、という不幸に比べれば、吾輩が散歩できないことくらい我慢しないといけない。なのに、人間社会では、ばかげたことに〝戦争〟とやらを繰り返していると何度も父さんに聞かされている。「戦争はゲームのようなモンだ」とも父さんが言ってた。それはそうかもしれない。相手の顔も知らず、恨みもない人を殺すんだからね。正に恐ろしいゲームだ。

※ところで、吾輩も「台風による経済的損害も甚大だ！」という飼い主様の嘆きを、次第に理解できるようになりたい。とにかく、〝経済〟という言葉を吾輩は実はよく理解できていないからね。多分、一生理解できない。要するに、そのような〝貨幣経済〟と無縁の〝ヌルマ湯生活〟を飼い主様に送らせてもらっている吾輩である。有り難や、有り難や！　犬冥利に尽きるでござる。

潔さが欲しい　令和元年10月14日

今日は体育の日で仕事が休み。父さんは暇をもてあましてテレビばかり観ている。吾輩は父さんを励ます意味で、ソファーに腰かけている父さんの顔をペロペロしてあげる。

それは、W杯女子バレーの日本対ブラ

ジル戦の「日本」を励ますつもりでもあるんだけど、父さんには通じていないらしい。しかし、父さんは父さんなりに、日本に勝ってほしいと思っているようだ。しかし、結局、1セット取れただけで日本はセットカウント3対1で負けたそうな。国内チーム同士の戦いにあまり関心なさそうだが、愛国者である父さんは国際試合には熱が入る。そして、「ずいぶん日本の底力は上昇している」と父さんは喜んでいる。

自分たちの勝利を〝より確実〟にするために、〝ドーピング〟などというものに頼る風潮があるようだが、そんな情けないことはやめるべきだね。選手の自覚は一体どうなの？　選手たちが〝当局〟に不本意に薬物を〝処方〟されているのであれば、とんでもない!!　そもそも〝ドーピング〟とやらをやってまでメダルをとろうとするまでに最近の人間は腐っているのか、あるいは、もともとそういう生き物なのか、人間てヤツは!?（というのは父さんの弁であるが）それとも、メダルってそんなにオイシイの？

友だちと一緒

某年某月某日

今日は、近所の床屋さん〝ドリーム〟のカトちゃんとこの箱入り娘〝レーヴ〟という名のワンちゃん（女の子）と自宅近くの公園を散歩した。〝レーヴ（rever）〟というのは、フランス語で〝夢〟という意味だそうだ。

吾輩も母国がフランスだから他人という気がしない。ちなみに、父さんは大学で第二外国語が仏語だったそうな。しかし、どうやら〝モノ〟にはならなかったそうだ（というより、フランス語を落第したので留年し、就職先がなく、消去法で司法試験というものを受け、やっとのことで弁護士になったそうだ）。

カトちゃんちのレーヴ（右）と吾輩

ところで、飽きっぽい性格のせいか、レーヴと友だちになった最初の頃からすると、吾輩はレーヴにあまり〝スリスリ〟しなくなった。ちょくちょく会ってるから、今や、〝空気みたいな存在〟になったというところだね。

どうやら、飼い主様である父さんも母さんも遅ればせながら同じような間柄に至ったらしい。それは、決して悪いことではない（？）。

しかし、たまに飼い主様である父さんと母さんが喧嘩するとすごいんだ。むしろ、母さんの怒声のほうがすごい。父さんは〝外に喧嘩の声がもれるとみっともない〟と思っているのか、ケンカのときは声がやや抑制的である。

逆に、母さんはそんなことおかまいなしだ。そんなときの父さんは可哀想だなと思う。言いたいことの半分も言えていないようなのである。

ウチにも夫婦喧嘩用の地下室があったらよかったかも……。そうしたら、父さんも言いたいことが言えて〝スッキリ・ポン〟できそうな気がする。

「ときは今や遅し〜！」

いや、むしろ、男が我慢する夫婦のほうが望ましいらしい。男はつらいよ？

某年某月某日

たまの遠出は絶好の撮影会

これは、父さんが、高校の同級生の仲間と立川にある昭和記念公園に行ったときの写真だ。

かなり広い公園で、ゆっくり歩くと入り口から奥まで2時間はかかる。自然がいっぱいなので空気がうまい（残念ながら、景色は撮れていない）。吾輩の満足しきった顔。写真は吾輩の気持ちをよく映している。でも、これは父さんの写真技術の〝ウデ〟ではなく、最近のスマホの機能がすごいということだろう。

まぁ～、しかし、父さんは吾輩の写真をしょっちゅう撮るんだけど、よく飽きないものだと思う。下手の横好きというやつ？　人間の世界では「肖像権」というのがあると聞いているけど、父さんは法律家なのに吾輩の肖像権は無視！

ま、吾輩の肖像権に対するロイヤリティなど知れたもんだろうから、どうでもいいか。

フェルメール

某年某月某日

今晩は、父さんが撮った吾輩の絶妙なショットを紹介しよう。父さんはそれを「フェルメールの絵のようだ！」と言って、誰彼に言いふらしているらしい。そのほかにも、吾輩に無断でフェイスブック（ＦＢ）とやらにも吾輩の写真を投稿しているらしいのだ。ここまでくると、やはり、肖像権の侵害だ!! ワン！

吾輩の雨後の楽しみ　　　　某年某月某日

昨日は雨で、今日は晴れた。雨が降った翌日は、飼い主様とのお散歩のとき、道路にいろんな匂いが混じっていて、人間様が芳醇なワインを味わうのと同じように、吾輩もいろんな〝風味〟を楽しむのだ。

しかし、そうすると、当然〝寄り道〟が多くなるので、ちょっと用事があって急いでいるときの父さんは、吾輩の歩きを急かすので困る。

その結果、吾輩も欲求不満がたまるのだ。飼い主様には理解できない楽しみだから、これは吾輩と飼い主様との永遠のミゾだね（それでも急ぎではない普段のときの父さんは、吾輩があっちこっち行くのが楽しいらしい）。

〝相互理解〟というのは人間同士の社会でもなかなか難しいらしく、そもそも「相互に理解しあおう」などと考えていないのが、人間社会というもののようだ。しかし、父さんはさびしがり屋さんで、〝相互理解〟を求めるのに躍起だから、なかなか思うように行かなくてストレスがたまっているらしい。傍らで見てて不憫だ。だから、吾輩は精一杯、父さんに対してできる限り愛想を振りまいているよ（親孝行の吾輩！）。

某年某月某日

節度あるコミュニケーション

今日は散歩中に〝ラブラドール・レトリバー〟の成犬と出くわした（〝成犬〟とは大人になったワンコのことだよ）。吾輩は、相手がおとなしいとわかるとケンカをふっかけるという、ちょっと〝卑怯〟なところがある。しかし、吾輩とすれば、それは相手を励ますためのコミュニケーションのつもりでもあり、にもかかわらず、それが相手から無視されるとさびしい部分もあるのだ。ある程度の距離（間合い）があって〝吠えあう〟のが一番いいかな。

いずれにしろ、吾輩の世界は大体、吠えあうことでコミュニケーションがとれているのだから、〝かわいい〟もんだ。それに対し、人間は恐ろしい（父さん弁）。〝侵略しあう〟のが宿命、と考えている節があるからだ。人間様の〝求める先〟が何なのか、よう判らん!! ほんとに人間は不可解だ。そういえば、「足るを知る」という言葉が、現代ではほぼ〝死語〟になっているということを父さんが言っているね。

某年某月某日

ワンコに国境なし

まだ、生後7～8年あまりの吾輩であるが、飼い主様の息子になったばかりのころと比べると、最近はずいぶん、行動半径が狭くなったような気がする。

それは、一つは飼い主様自体がちょっと歳取ったからかな？「老化したらイカンぜよ‼」（ちなみに、父さんは高知県出身ではありません‼）

日本自体の老化を心配して、いろんな政治家、経済人が奮闘努力しているようだけど、その効果はいかがなものか。それと吾輩の檄とがあわさって、その結果、日本社会が活性化してくれれば、吾輩と吾輩のご先祖たちも、はるばるフランスから来日した甲斐があるな！

〝ワンコ〟といえば、吾輩の身の回りを見ると、〝洋犬〟が〝和犬〟より断然、多いように思う。善し悪しはさておき、フィギュアスケートの〝ザギトワちゃん〟が、日本の秋田犬をかわいがったように、日本のみなさんもそろそろ和犬を見直したほうがいいのかな？

某年某月某日
「明日はわが身」と心に留めておく

暑さが去って涼しくなり、吾輩も夜はぐっすり眠れる。エアコンで〝人工的〟に冷やされた部屋で寝るのとは格段に違う。〝自然〟が一番である。しかし、酷暑だと人工的に温度を調整しないとしょうがない。

今年の台風では、配電線が破壊されて停電した家庭が何万件も出て、被災者の方がたの平穏な生活がずいぶんと損なわれたと聞いている。亡くなった人たちも少なくなかったそうである。

吾輩、何気なくテレビ報道を聴いており、それなりにその悲惨さを聞き知っている。ウチは少し天井に雨漏りがしたくらいで済んだので幸いだった。

しかし、「それでよかった」ということで済ませてはならんのだろう。それで済ませたら、父さんの口癖である〝ジコチュー〟だな。せめて「明日はわが身」ということを常日頃から心がけておくのがいいんだろうな！

もの思う秋　　**某年某月某日**

急に秋めいてきた。吾輩の幼少のころは、季節の移ろいが緩やかだったように思うが、ここ数年は季節が急激に変わる。

吾輩も今はまだ7歳だから、なんとか対応できると思うけど、もう少し歳をとったらどうなるかわからない。

しかし、吾輩とすれば、父さんと母さんにお世話になっている手前、〝万一〟のときは二人をきちんと看取りたいとは思っている。逆に、父さんと母さんは〝万一〟のときの吾輩を看取りたくないと思っているようだ。愛されているってことだよね。

悲しい目に遭うことなく、先に死んだもん勝ち〜？

〝ポン友〟シンちゃん　　**某年某月某日**

今日は、父さんがよく行く飲み屋さんで知り合った〝シンちゃん〟に、わが家の雨漏りの修理をしてもらった。シンちゃんは、東西線は早稲田駅近くにある焼き鳥屋さん「とりいち」の店長をしていた。ここがなかなか旨いのだ。父さんが在庫の肉をお土産に貰ってきたものを食べた経験に基づいていうのだから、味は吾輩が保証する。

ところで、そのようにいろいろお世話になっているシンちゃんであるのに、どういうわけか、吾輩は彼に吠えてしまう。シンちゃんもそれを嫌がってはおらず、かえって吾輩に〝吠え返す〟のだ、「こら、ワン!!」って。それに対し、吾輩もいじけることはない、できればシンちゃんに抱っこしてほしい。今まで長いつきあいなのに、たしか、一回も抱っこしてもらっていない。ひょっとしたら嫌われている？　いや、シンちゃんの兄弟の家に吾輩と同じトイプードルが飼われているそうなので、そのワンコに義理立てしているらしい。あるいは、シンちゃんはその奥さんであるマユミちゃんに遠慮しているのかもしれない。女の嫉妬心はコワイらしいから!?

ところで、そのシンちゃん夫婦にも近々、

ホントはシンちゃん（右）に抱っこしてほしいのにな〜

その後、めでたく生まれたソウタくん。マユミちゃんも幸せそう！

めでたく子どもが生まれるそうで（その後、めでたく生まれた）、そのときは飼い主様が御祝儀を奮発すると言っている。吾輩も生まれ出るその子をせいぜい〝かわいがって〟やろう。

※うん？　かわいがる⁉　お手やわらかにね（シンちゃんの弁）。

令和元年10月22日

ご即位の日

今日は、天皇陛下（徳仁さま）の即位式だった。残念ながら早朝から大雨でオシッコ散歩もままならなかったが、父さんが傘をさしながら散歩してくれた。

しかし、すごいことが起こったんだって！　何かというと、即位式が始まる直前には雨が止んで虹が出たそうだ。日が差したときには、飼い主様が「やはり、日本国はすごい！　神の国だ！」と言ってたけど、吾輩も同じ気持ちになったよ。

そして午後からは思いっきり飼い主様に散歩させてもらった。

少し偉そうに言わせてもらうと、大事に至らない限り、雨が降ったり、強風が吹いたりする自然とも、適当につきあっていかなければならないんだろうな、と思う。

しかし、くれぐれも〝あらぬ方向〟から〝ミサイル〟などというものは飛来してこないでほしい。世のリーダーさんたちは、やはり〝民〟を大事にしてね。日本の江戸時代も、農家の人たちは相当つらい生活を強いられていたらしいが、それはオカシイね、奴隷じゃないんだから。

いずれにしろ、吾輩は〝地球↓日本大好き〟なのである。

某年某月某日

〝ボーッ〟としていない日々

吾輩は、父さんがソファーに座ってテレビを観ているとき、ソファーに軽やかに飛び乗って、吾輩の鼻を父さんの腕にツンツンして、それをどけさせ、父さんの太ももに顎を乗せて、しばし休憩するのだ。これだと首が疲れなくて、かなりゆったりできる。

しかし、吾輩は〝ボーッ〟と生きているわけではないから、〝チコちゃん〟に怒られることはありえないほど、家の前の道を通る人を察知するやいなや、ソファーから飛び降りて、窓際に行って吠えるのである。

たま〜に吾輩も一人で留守番することがあるが、そんなとき〝闖入者〟がきても、吾輩がそれに対してどう対応しているのかを飼い主様は知らないはずだ。防犯カメラがあれば知ってもらえるんだろうけど、ウチにはそれがない。

防犯カメラといえば、最近、道路のいたるところに設置されているということである。正に、犯罪人の発見に役立っているようであるが、「人間のプライバシーとかいうものが侵害される部分もある」と、父さんがその行き過ぎを心配している。「中国ほどではないだろうけど」とも言っている。

そもそも、〝防犯〟カメラというもの自体の出現・存在がおかしい。「人間社会が狂っている！」と、父さんがまたまたウルサイ！　まったくブツクサ言って世の中に不満を垂れ流すために生きているような父さんである。

そのせいか、父さんはストレス太り（?）している。その結果、父さんは母さんに「アンタ、食いすぎ‼」と攻められる日々。

某年某月某日
〝仕事〟のときは本気だよ

毎週火曜日の夜（午後8時〜）には、ウチの町会で巡回パトロールがある。町の安全のために、町内会の有志4〜6人が練り歩くのである。

吾輩も〝員数あわせの要員〟として随行させてもらっている。体は小さいけど、まだ若いから噛む力にはそれなりに自信があるんだ。最近では控えているが、数年前までは飼い主様を何度か〝本噛み〟したことがあったくらいだ。

その折は、飼い主様も本気で吾輩に怒っていたね。今は、そのことを申し訳なく思っているので、最近は飼い主様に対して本噛みはしなくなったが、飼い主様が吾輩に対して〝悪さ〟をするようなことがあると、たまに〝ガブッ〟とやるときがあるよ！　それはさておき、パトロールのときに不埒な輩を見かけたら、本気で〝ガブッ〟とやるつもりだよ、仕事だからね‼

しかし、そもそも市民が周辺をパトロールしなければならないような時代になったということ自体、日本国自体が危ない国になったということだ、と父さんがしょっちゅう嘆いている。父さんは弁護士なんだけど、まるで〝嘆く〟ことが仕事のようだ。だからお金儲けができない。父さんしっかりしてよ、ウチが干上がってしまうよ。父さんの事務所には〝ブクちゃん〟というかわいい事務員さんも、優秀なタカダ弁護士もいるんだからネ。

某年某月某日

散歩大好き

最近、涼しくなったので、朝の散歩が楽しくてしょうがない。だから、いったん外にでると、やたらにウキウキするもんだから、母さんの足に飛びついて、〝ふくらはぎ辺り〟を噛んだりする。母さんはそれに〝逆上〟して吾輩の頭を引っぱたくことがある。結構、母さんは怒りっぽい。

しかし、その引っぱたき方がどこか手加減しているということが吾輩にも分かるもんだから、また、翌日もきっと噛むのさ。やりすぎると〝本だたき〟の目にあうかもしれないから、ほどほどにしないとね。

「〝ホド〟を知らないと国際間の融和もないよ」と、また父さんが例によってグチっている。〝ホドホド〟ということを知らないと戦争のように悲惨な殺しあいになったりするからダメだ、と父さんは言うのだ。

でも、結局、戦争は為政者同士によるゲームのようだと父さんが言うとおり、その結果は純朴な庶民が犠牲者となるだけなんだろうな。一般庶民は結局、為政者に上手く〝その気〟にさせられて、戦争の犠牲者となってしまう、というのが父さんの見解だ。「戦争は繰り返してはイカン！」ということで、〝国連〟などというものをつくってはみたものの、結局、傍目から見れば何の役目も果たしていない！　人間様は実に忘れっぽい生き物らしい。

令和元年10月27日

スポーツ選手は素晴らしい！

「世界スケート」で羽生結弦という若干25歳の選手が難関を克服して、断トツで優勝したそうだ。

父さんはそれを見て、「俺はそんな真似はとてもできないな！」というのを聞いて、母さんは「アンタ、何言ってるの？　バカじゃないの？　そもそも結弦君と比べるのがオコガマシイ!!」と言うのだ。父さんとすれば率直に若い人のパフォーマンスに感心、感動しているだけなのに、母さんはそれが納得できないらしい。父さんはちょっと可哀想、かな？

ま、どのスポーツ界でも低年齢化が進んでいるらしいが、これは個人の鍛錬・肉体的成長もさることながら、やはり、これまで積み上げられてきた先輩のみなさんのノウハウの蓄積の結果だろう、と父さんがエラそうに訳知り顔で解説している。

某年某月某日

地球環境が優先か、経済発展か

最近、寒くなったけど、布団をしっかり掛けて寝てるから、父さんが夜中、おしっこで起きる回数も少なくなった。

そのおかげで、吾輩もむりやり起こされる回数が少なくなって、実に体調がいい。やっぱり、生き物にとっては睡眠がかなり大事なのだと思う。

みんなが早く寝れば、消費電力も少なくて地球環境にもいいはずだね。重ね重ね〝環境〟をとるか、〝経済〟をとるか、だね。父さんは「環境、環境、環境！」と口を酸っぱくして言ってる。〝呑んだくれ〟の父さんだけど、その点に関しては賛同するよ。それについては、父さん曰く「酒は必ずしも好きで呑んでいるわけでなく、日本経済発展のためでもあるのだ〜!!」と、〝バカボンパパ〟のような言い訳をしている。父さんは〝ジコチュー〟と〝大義名分〟が半々だと思う。

酒といえば、最近、日本酒も焼酎もワインも、何もかもうまくなったらしい。「マズければ、それほど私の酒量が増えないだろうに」と、父さん弁。とにかく父さんは言い訳が多くて往生際が悪い！

令和元年10月29日

肥満は敵だ

今日も雨だ。いい加減にして欲しい。運動不足で吾輩は〝オデブ君〟になるよ。しかも、最近、どういうわけか食欲が出てきたので、なおさら心配である。心配だったら節制すればいいと世間様はおっしゃるようだけど、吾輩の世界はなんだかんだで食べる以外に趣味の少ない世界だから、それは難しいんだよ。

そういえば、飼い主様の飲み友だちで〝コバちゃん〟という電気工事屋のお兄さんがいるんだけど、その人も食欲を制御することが苦手なんだそうだ。太りすぎると着る服にもお金がかかるし大変だ。また健康にもよくない、ということで、飲み友さんたちが「やせろ、やせろ!」と合唱しているんだけど、コバちゃんはまったく言うことを聞かないらしい。人に言えた義理ではないが、コバちゃんにはまったく困ったもんだ。元気で長生きして欲しいからね。みなさん、そう願っているんだけど、コバちゃんはどうやら〝太く短く〟と考えているらしい。しかし肉体的に「太い」だけではイカンよね。

好天気は値千金

令和元年10月30日

今日は、正に「日本晴れ」だ。吾輩の母国であるフランスでもこんなよい天気はないだろう。ここ数カ月、ずうっと台風とか長雨が続いた後なので、ビックリするような好天気だ。

やはり、日本はいい。

ところで、吾輩のご先祖様がいつ日本にきたかは知らないけど、いっしょに見たかったと思わせる天気ではあるね。今日は雲ひとつなく、空気も爽やかだった。そういう吾輩の気持ちよさを飼い主様もわかってくれているのが、これまたよくわかるのだ。〝入籍〟はしていないけど、事実上の〝親子〟だからね。

それはそうと、ご近所の〝タモちゃん〟、彼もパチンコがそこそこ好きらしく、せっかくこんな好天気にパチンコに興じて、〝ぼろ敗け〟したそうな。「パチンコはやめたほうがいいよ」と、その都度、父さんが言ってるんだけど、彼も言うことを聞かない。確率論を考えれば最終的には勝てないということがわかってていいはずなのに、それがワカランらしい。彼は一応理科系出身らしいけどね。父さんだったらその分、酒代に回すね、きっと。しかし、それは、どっちがいいのかよくわからない、ワン！

※父さん弁。「酒がいいに決まってる！　酒に使ったお金は国内で還流するからいいけど、パチンコだと日本のお金が外国に流れてしまうことがあるらしいから、よくないだろう？」

令和元年11月1日
父さん、伊勢神宮参拝の旅へ

父さんが珍しく宗教心（？）に目覚めたらしく、今日はお友だちと伊勢神宮参拝の旅に出た。朝6時起きだったから父さんもつらかったようである。父さんだって十分に年だから早朝の4時、5時には目覚めていてもいいのにね。生来、父さんはグータラなのかな？

それはさておき、その日は母さんも寝坊したら大変ということで、夜は1階のソファーに寝てた。だから、吾輩は父さんと二人きりで2階で寝たもんさ。

朝起きたときに、吾輩だけが父さんと二人きりだったことに喜んでいたんだけど、昨晩、酒を飲んで帰ってきていた父さんが、母さんに「ターボは一人で2階に上がってきたのか?」と聞いたら、母さんは「そんなことあるわけないでしょ!私が2階に連れていってあげたのよ。ターボが私を置いてアンタのところに一人で行くわけないでしょ!!」とイビられていた。イビられ慣れている父さんは一言「あっ、そう」。

父さんは最近、母さんと喧嘩しなくなったようだ。口論が〝平行線〟のときは、男が折れるのが最善だ、ということを父さんもようやく悟ったようなのだ。

しかし、近隣諸国との外交問題となると、その調節が難しいんだろうな。国際関係は「ハイ、ハイ、分かりましたというわけにはいかないらしい」と父さんがしょっちゅう言っている。吾輩が飼い主様のお世話になる前に、父さんも少しだけ政治家をめざしたことがあったらしいが、母さんがそれに大反対したから、父さんのその希望もいつの間にか萎んでしまった、と聞いている。

もっと建設的な議論をしてほしい、ワン！

令和元年11月2日

荻窪にある日産自動車の工場跡地にできた〝原っぱ公園〟というところで、今年もフェスティバルが開かれた。秋らしいよい天気。飼い主様の友だちも集まった。今年は自然災害にずいぶんやられたが、11月になって気候が穏やかになってくれてありがたい。台風の被災地でも復旧工事が進むようになったらしい。

自然の前には科学技術の進展はまだまだ遅れている、ということか。そういえば、父さんがある講演を聞いてきたそうだが、〝ドローン〟というヘンな機械技術がさらに発展することによって、戦争そのものの様相が一変し、近未来においては、人間が前戦に出るという戦争はなくなるらしい。

このことについても、〝保守派〟の父さんは「野党の（国会）議員たちは憲法九条の改正問題で何を騒いでいるかまったくわからん！」と怒っている。

「ひいき目に見ても、野党はなんら建設的な議論をせず、与党に難癖をつけているだけだ。それでメシを食っているだけだからケシカラン」と言うのだ。大多数の日本国民もそう思っているらしいよ！　父さんの飲み友で、「ゆうき」のお客である〝ヨッパライ〟のハラコさんも、国防のことに関してはきちんとそう思っているという話だ。

父さんの気がかり　　　　某年某月某日

「今年は三連休が多かった！」と、父さんがやかましかった。吾輩には人間社会のシステムなどにはまったく関心ないのだが、飼い主様とすれば、それは生活に関わることなので、気が気ではないらしい。これからは〝三連休〟のときは飼い主様にそれなりに気配りした対応をしよう。精一杯、癒してやるのだ。

日本の学校教育の現場では、〝ゆとり教育〟とやらが数十年前に推進されたようだが、三連休の多さはこれとも関連するのだろうか。本当のところはよくわからないが、それは実はアメリカという日本の〝宗主国〟が日本を堕落させるようにコントロールする仕業だという噂がある。

言い換えると、〝ゆとり教育〟というのは〝生徒〟の負担を軽くして、〝子どもたち〟の学力を削ぐということだけが目的だったような気がする、と父さん。教育の質の低下だね。現場がそうなると日本は没落するだけ（父さん弁）。

とにかく、日本はアメリカに多方面でヤラれているらしい。「日本は復活できるのかな？」と、父さんは真剣に気がかりな様子。

某年某月某日

吾輩の気がかり

今日は飼い主様に連れられて、江東区にある木場公園のフェスタに行った。そこに行ったのは確か、3回目だ。天候に恵まれた。また、一緒に行った人たちにも恵まれた。父さんの飲み友だちだ。シンちゃん夫婦に、コバちゃん、サッキー、タモちゃん、そして飼い主様だ。残念ながら、犬仲間と交わることはなかったけどね。ワンコは多いんだけど、それ以上に人が多いもんだから、ワンコ同士の交わりができなかったのさ。

しかし、ここでも外国人さんたちが去年より多かったような気がする。それが日本の経済を豊かにすることに繋がればOKなのだが、そのことが、結局、日本が外国から侵略されることに繋がるようなことがあったら嫌だね。

このことは今や〝日本人〟となった吾輩の実感だ。ま、とにかく晴れやかなよい日だった。木陰で旨いものも食べたし、そこそこに楽しい一日だった。

殺生はイカン！　**某年某月某日**

今日の散歩中、「カマキリ」という昆虫と出くわした。吾輩より足が２本多いけど、吾輩と違って〝骨〟がないそうだ。

しかし、前の大きなカマ足に自信があるらしく、小兵のくせに吾輩に挑みかかってくるのだから、〝ちゃんちゃら〟おかしい。吾輩の手で踏んづけようと思えばできたんだけど、大人気ないからそれはやめた。それは殺生を嫌う飼い主様の意を汲んだ結果でもあるけどね。「殺生は食物連鎖を絶やさない限りのレベルに止めないとイカン！」とは父さんの弁。

最近、人間社会でも、しかも、親子兄弟間でも悲惨な殺傷事件が多いそうだけど、基本的に殺生はいけないと思うよ。無用な暴力もせいぜい吾輩の〝甘噛み〟程度

にしといたほうがいいね。人間社会では、「誰でもよかった」と言って平気で（？）人を殺すことが多発しているようだけど、「まったく理解できん！」と、父さん。とくに被害者が若者だったらなおさらだ。

吾輩のような前途ある若者の未来を奪うのは絶対、イカン！

令和元年11月7日

足元を見直すのが先決

毎朝、目覚めたら寝室がある2階から1階へ飼い主様の抱っこで移動するのだが、寒くなってくると、なるべく布団の中で〝ぬくぬく〟していたいものだ。「暑いより、寒いのがいい」というのが飼い主様の意見だが、地球温暖化でこのまま いくと、この先、地球はどうなるんだろう。ひょっとしたら、遠くない将来、地球は人間を含めた生物が住めなくなるんだろうか？

前にも書いたけど、人間様、月(宇宙)旅行など夢想している場合じゃないんじゃないですか？　宇宙への移住の準備だという話もあるが、「足元を見直す」のが〝先〟なんじゃないんですか？

月に移り住んで、一体、何が幸せなんだろうか。うさぎがつきたてのお餅を食べさせてくれるのかな？　〝宇宙開発〟なんてアホらしい。地球が一番だ!!　これまた、ひょっとしたら、宇宙開発も煎じ詰めれば単なる利権漁りの経済政策なのかもしれないね。要するに、国家挙げての〝翼賛企業〟に対する保護政策なのかも……。

令和元年11月8日
ダイエットは難しい。だって世の中は……

ほぼ毎日、自宅から荻窪駅まで、吾輩の散歩と父さんの通勤のお供を兼ねて、母さんも片道20分くらい歩いている。でも、今日は母さんが地元町会の同好の士の集まりである〝ママさんコーラス〟の練習に行ったため、吾輩は母さんの母親（いわゆる〝バーチャン〟だね）と留守番であった。

母さんは活動的なため、いろいろな行事に参加している。気難しい父さんとはそこんところが違う！

ところで、バーチャンは実は飼い主様の目が届かないところで、吾輩にお菓子などをこっそり食べさせてくれるから好きだ。とはいうものの、自分でもお菓子は節制したほうがよかろうね。

吾輩の体重が少しでも増えると、飼い主様は「ターボ、重くなった、重くなった！」と嘆くのだが、吾輩はそれを〝コトバ〟として理解できているのだ。

飼い主様もだんだん体力が衰えるわけだから、吾輩もそれを考えて体重に気をつけてやらねば、と思ってはいる。でも、ダイエットは正直、難しいね。世の中は美味しいものであふれてる。

某年某月某日

迂闊な父さん

今朝、父さんに散歩に連れて行ってもらおうと門を出たとき、父さんの足元に木の枝と思われる物が不思議に動いたように見えた。父さんがほとんど反射的にそれを足で除けようとして踏んづけてしまった。それが実は小さな〝毛虫〟だった。それはそれでしょうがないと思うのだが、父さんが気にしたのは、その結果、その毛虫が絶命したそうなのだ。「〝徳川綱吉〟にバレたら大変だったな～」と、父さんは冷や汗をかいたものだ。

前に述べたとおり、吾輩は、近づいてきたカマキリを踏んづけなかったのに、父さんはまったく迂闊だな!! 何事にも慎重さは大事だよ。

某年某月某日

仲よきことは美しきかな

今日も父さんが新聞を開きながら〝ブツブツ〟どころか〝ヤカマシ〜〟。つまり、近隣三国の〝横暴〟に腹を立てているらしいのだ。

何だかんだで70年以上も前のことをほじくり返して、日本に対して難癖つけているらしい。彼の国もそろそろ〝自立〟すればいいのにね。飼い主様に世話になりっぱなしの吾輩とすれば、あまり偉そうなことは言えないけど。

原産国がフランスである吾輩とすれば、それら〝近隣諸国〟との歴史的接点は少ないのだが、世話になっている飼い主様の意見には賛同したい。

最近の日本は、〝恩義〟というものが通用しない時代になったといわれているようだが、国籍を離れて、みんな仲よくしようね。人間のみなさま、吾輩の世界を見習ってくださいよ。とにかく、吾輩の世界は純真な世界だからね。

ちなみに、吾輩は飼い主様に対しては十分に恩義を感じている。とにかく、何不自由なく生活させてもらっているんだもの。それを忘れたらバチが当たる！

ノーサイド　某年某月某日

今日は、最近、母さんに買ってもらったばかりの〝ラガーマン（ラグビー選手）〟のシャツを着て散歩している。通りがかったご近所さんも、ＷＣ（ワールドカップ）の最中だから、頻繁に吾輩に声がけしてくれる。「あら！　ラグビー選手みたい、かわいい〜」って。よし、タックルするぞーッ！ 
吾輩は精一杯、それに対してお愛想しているつもりなんだけど、なにしろ、日本語で対応できていないから、みなさんにどれだけ通じているかな？「ありがとう！」と言っているつもりだから、わかってね。

ラグビーでは、勝敗がついて〝ゲーム・セット〟したら、〝恨みっこなし〟の〝ノーサイド〟ということで握手をするらしい。それで清々しく相手を称えあうのだ。

吾輩も人間様のそういうところは好きだ。「スポーツの世界では若人が一生懸命頑張っていて素晴らしい」と、情にほだされやすい父さんが涙しながら言っている。それに対し、政官界の人たちはナンヤネン!! あなたたちの辞書に〝一生懸命〟って言葉はないのかね。しっかりしてや〜!（スミマセン、またまたワンコの分際で!!）

某年某月某日

足るを知る

吾輩が飼い主様にお世話になって6年以上になるということは言っているよね。その家の庭に10年以上経つ柿の木があるんだけど、令和元年になって「初めて20個近くの柿の実がなった」と言って、父さんが狂ったように喜んでいるのだ。どうも、それまで年間1、2個しか実がならなくて、木を切り倒そうかと思案していたところ、このたびの〝豊作〟にホクホクしているのだ。

ともかく、父さんは些細なことで感動して喜べるんだな。生まれてきたからには、喜びが多いほうがいいだろうし、それはそれで幸せなことだ。ま、単細胞なんだろうね。

ところで、「犯罪を犯す人たちは〝喜び〟に飢えているんじゃないか」と父さんは言っている。凶悪犯罪の増加を見て、父さんはいつもそのように嘆息している。目標を見つけられない現代社会の〝歪み〟だろうね。現代社会の人間様たちが可哀想に見える。吾輩は単純に飼い主様にかわいがってもらうだけで何もいらない。〝足るを知る〟ということが、今の日本では失われつつあるらしい。

某年某月某日

昭和歌謡は素晴らしい

今年はとくに雨が多いんだそうだ。歌手の〝朝丘雪路〟さんという人の歌で、「雨が止んだら」という歌があったそうだが、人間の男女間の別れの歌だったそうな。ちなみに、雪路さんは母さんが愛して止まない宝塚歌劇団のご出身。

父さんも、この年になってやっと〝昭和歌謡〟の歌詞の意味あいを噛みしめられるようになったみたい。昭和の〝カラオケ〟を歌っている途中、不覚にも感情が昂ぶり、涙し歌えなくなることが多くなったそうだ。吾輩にはそんな人間様の気分(気持ち)はわからん、ワン!! しんみりするのはあまり好きじゃないからね。

ところで、このカラオケというのは画期的なものらしい。素人がプロになりきって陶酔できる道具なのだ。健康にもいいらしい。

それとは違うが、吾輩も最近、父さんに抱っこされると「ウーン、ウーン」と感情表現するようになった。散歩から戻ってきて玄関口で足をティッシュでフキフキされるときや、不本意なことをされたときに発するんだ。だから歌というより、不満や不平を訴えてるようなものかな。

某年某月某日

人間様の欲望

荻窪の「健康麻雀」に行った父さんが〝賞品〟としてもらってきた花を、母さんが結構、喜んでいた。健康麻雀とは、ゲームの最中は「酒もダメ、タバコもダメ、賭けるのもダメ」というルールの麻雀で、そのお陰で喧嘩が起こりにくいんだそうだ。

前もって参加費を払い、あとは「どうなろう、きぁーなろかい?」。すなわち、あとは一着、二着とか、着番を適当に表彰するのだから平和だ。賭博ではないのだ。普通の麻雀は〝生活がかかっている〟分、ずいぶんエキサイトするもんだ、と父さんが言っていたね。

「家庭平和、世界平和、だな⁉」(茨城出身の漫才コンビ「カミナリ」調)

〝ゲーム〟といえば、日本では〝ＩＲ〟といってカジノを含むリゾート娯楽施設が認められるようになったらしい。ひとつは財政が苦しくなった自治体の救済策らしいけど、「それは安直な政策ではないかな」と、父さんは言っている。

父さんは、その導入による社会の〝風紀のみだれ〟をすごく心配しているよ。基本的には真面目な性格の父さん。「まぁ、何事もとりあえず〝ためしてガッテン〟かもしれない。ダメだったら即、やめる! というのもあっていいかもしれない。そういう覚悟をもって自治体もＩＲに取り組むべきだな」だと。

某年某月某日

父さんの行きつけの〝オアシス〟

いつも父さんが行く「ゆうき」という飲み屋さんの常連で、楽譜の販売を仕事としている〝ハラコちゃん〟という人がいる。シンちゃん、コバちゃん、タモちゃんたちの友だちでもある。この人の奥さんのクミコさんも、タイ料理研究家としてバリバリお仕事してるのだ。だからハラコちゃんは気楽にしょっちゅう一人で酒を飲みにきている。

だから父さんは「自分も生まれ変わったらハラコになる!!」と情けないことを言っている。その気持ちはわからないでもないけど、大黒柱は父さんだからしっかりしてよ。

前にも少し触れたが、日本という国はアメリカの庇護（?）の下、安穏としているらしいが、そのうち梯子を外されるのではないかということを父さんは心配している。終戦後になって、日本国民は〝島国根性になった〟というふうにばかにする風潮があるけど、もともとの日本人はどうだったんだろうかな。

昔の日本人は世間に思われているほど、立派だったんだろうか。父さんによると、〝日本のよいところ〟ばかりが美化されがちだけど、諸外国と比べると少しばかりマシなだけではなかったか、という気がしているらしい。

某年某月某日

人は十人十色

そうそう、飲み屋さんの「ゆうき」のお客さんで、酒は飲まないのに〝場〟を盛り上げるためにほとんど毎日きている〝ヤマちゃん〟という〝妙齢の女性〟がいるんだよね。まったく嫌味がなくて、思いやりがあって、父さんはそれを見て〝ない物ねだり〟で自己嫌悪に陥っているくらい。彼女は人様にいろいろ〝与える〟ことが好きらしい。

ヤマちゃんの趣味はパチンコらしいんだけど、ここでも〝与える〟ことが好きだから、いつもパチンコ屋に経済的に〝奉仕〟しているようだ。

ちなみに、吾輩、実はヤマちゃんからパチンコの景品であるお菓子を、まだ一度ももらったことがない！　ワン!!　勝てないならパチンコやめればいいのに！

ところで、父さんも学生時代にパチンコ通いしていた時期があったらしいが、今はすっかり足を洗ったそうだ。歳取ると〝余命〟が気になって、パチンコをやる時間がもったいないらしい。お酒を飲む時間と惰眠をむさぼる時間はもったいなくないのかな。

某年某月某日

親しいご近所さん

今日も〝イタコさん〟宅に夕食に誘われた。そこには〝ピーチ〟というアメリカン・コッカースパニエルの女の子のワンちゃんがいるということは前に書いたと思うが、彼女に会いたくて一応はお邪魔するのだが、ついつい彼女の食べ物に気がいってしまい、ピーチとの遊びがおろそかになってしまう。ピーチ用のご飯を奪って食べてしまうのだ。

そんなことを黙認してくれるイタコご夫妻がまた素晴らしい！　イタコご夫妻は懐が深くて優しく、吾輩もそこでは自宅同然に振る舞わせてもらっている。

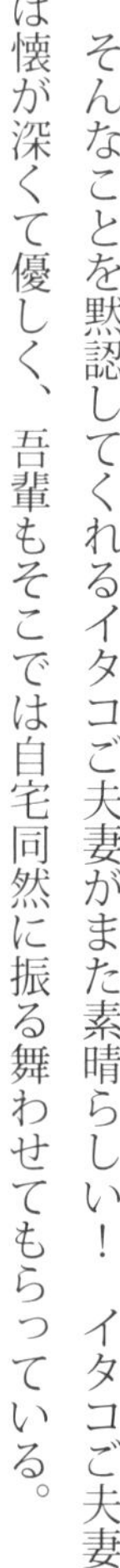

母さんがせめてものお返しとして、食事会の後片付けをかいがいしくやってくれているから、吾輩もイタコさんちには〝出入り禁止〟にならなくて済んでいる。

イタコママ（左）とイタコパパ

イタコママは、お宅で客に料理を振る舞うのが好きで、またそれが美味しいから、千客万来である。飼い主様も「ありがたいご夫婦だ、イタコ家は素晴らしいサロンだ」と常々言っているな。

イタコパパは、実はカラオケファンで、毎日、歌っているそうだ。NHKのど自慢にはまだ出ていないらしい。そこで〝予選落ち〟したとも聞いていないから、密かな楽しみなんだろうね。あるいは、恥ずかしいから〝予選落ち〟した、とは公表していないのかもしれない！　今度、父さんに確認してもらおう。

ちなみに、残念ながらピーチは令和2年12月に亡くなってしまった。合掌!!

某年某月某日

仕事の手伝いについていき、〝分別〟について考えた

今日は母さんが運転する車で、父さんのお兄さん（公認会計士）といっしょに父さんのお客さん（仕事の依頼人）である〝オダイラさん〟のお宅に行った。〝赤の他人〟の場合は、吾輩がいる場所に後からきた人に吠えるのが吾輩の習性なんだけど、さすがに〝父さんの兄弟〟ということになると、なぜか〝敵〟という意識がなくて神妙にしていられた。抱っこまでしてもらったよ。飼い主様に怒られなくて済んでよかった。吾輩もだんだん分別がついてきたみたいだ。ちなみに、オダイラさんはご主人が生前、お酒好きだったらしく、同じく酒好きの父さんを歓待してくれて、父さんも何度か食事をご馳走になっているそうだ。和やかなご近所さんに恵まれて飼い主様も幸せだ。

〝分別〟といえば、父さんはしょっちゅう、近隣諸国のみならず世界全体が分別がなくなってきていて、そもそも、分別という言葉自体、世界が分からなくなってきているんじゃないか、と嘆いている。

吾輩としては、そんな悲観的なことばかり言ってないで、父さんには毎日陽気でいて欲しいんだけどね。どうやら、父さんの〝ネクラ〟は直らないらしい。〝ネアカ〟というのも困りもんだけど、〝ネクラ〟とどっちがいいのかな。

テレビを観てまったく面白くもない場面で〝笑うのが仕事〟というタレント連中がいるけど、彼らを見ていると〝ネクラ〟のほうがまだいいのかな、と父さんが自己弁護。また、テレビはかなり質が低下していて、数十年前にある高名な評論家が「テレビは〝一億の民を総白痴化〟するものだからクダラン！」と怒っていたと聞いているが、飼い主様も今、同じようなことを言っている。

※しかし、父さんは何だかんだいって平均以上にテレビを観ているようだな。

某年某月某日

ゴロン・ゴロン・ダンス

週に1回くらいかな、背中を床にこすりつけて、両手両足をバタバタさせる「ゴロン・ゴロン・ダンス」を飼い主様のためにやってあげる。それを見る飼い主様の喜ぶこと、喜ぶこと。Facebookを観察していると、他のお犬様もそうしているらしいゾ、と父さん。

けっこう疲れるから毎日はやらないけど、それで飼い主様の癒しになればいいなと思って、たまにやってあげるのだ。

それはさておき、テレビを観ていると、人間用の色んな栄養補助剤（サプリメント）が老化防止に効果的だと宣伝していたが、父さんはそれらは「まったく信用できん！」と、これまた、ブツブツ言っている。父さんにとっては、吾輩の「ゴロン・ゴロン・ダンス」の癒し効果に勝るものはない、ということらしい。

サプリメントというと、父さんは「効くものもあるんだろうが、〝有害〟でさえなければ効果が出なくても提供会社はまったく責任を問われることはない、ということであれば、派手なだけのオーバー宣伝はケシカラン！」と、相変わらず鼻息荒し！　きちんと薬事法を整備しないとイカンと父さんが言っている。薬事法は厳しすぎる反面「ズブズブな野放し状態」でもあるらしい。

某年某月某日
ウチが平和なワケ

昔からそうであるようだが、〝宗教〟というのが人間社会ではどうやらありがたいと同時に〝厄介〟なものでもあるらしい。吾輩のルーツであるフランスでも、その昔、宗教改革というのがあったそうだ。一つの宗教しか認めていない（一神教）というのはやはり、他人（国）との関係で摩擦を生むよね。その点、日本は多神教のようだから比較的に穏やかなのかな。

その影響かどうか、わからないが、吾輩自身、ときには母さんが〝絶対神〟であるかと思えば、父さんが〝神様〟だったりもするのだ（もっとも、父さんが神様であるときは、母さんが家を留守にしているときだけど……）。

つまり、吾輩自身が〝多神教〟主義者なのだ。だからウチは平和なわけさ。要するに、一神教は他宗教を排斥してしまうものだから、行きすぎると争い事が当然のように起こるのだそうだ。

某年某月某日

ちょっと勢揃い

またまた、お世話になっているイタコさん宅でのホームパーティーに呼ばれた。父さんがお医者さんみたいな格好で偉そうに真ん中に座っている（次のページの写真を見てください。吾輩は母さんに抱っこされて父さんの後ろにいるよ）。

しかし、実のところ、父さんは高校時代、物理も化学も大の苦手で、完全な文系だった。その結果、今は〝庶民派弁護士〟というのを看板にしているらしい。父さん自身は「庶民派」という言葉にあまり乗り気ではないらしいけど、父さんの本を出版してくれたオチアイ社長が「それがいい！」と押しつけたようだ。もともと物書きであるオチアイ社長は押しが強い！

ちなみに、父さんの長崎県立諫早高校時代の同級生で物理化学がよくできていたマエダ君とサカモト君は医者になっている。キハラ君は京都大学医学部の教授であるそうだ。父さんはたまに彼らに無料で医療相談に乗ってもらっているらしい。彼らの適切なアドバイスに父さんは大変、感謝しているそうな。

某年某月某日

大切なのは調和だね

今日は父さんが珍しく早起きした。日差しがやわらかく、気温もやさしく、すごくいい気持ちだった。

このような状況がずうっと続くことを吾輩は期待するよ。人間のみなさま、よろしくお願いいたします!! 調和的な地球のほうがありがたいよね。

〝調和〟といえば、世界は未だに資源、財産の〝分捕り合戦〟ばかりしているようだ。いい加減にしてくださいよ。重ね重ね言うけど、そんなにしてまで周辺国に迷惑かけて何が楽しいんだろう。そんな国に統治されてる国民だって決して幸せではないだろう。実に困った人間様たちだね。結局、政治家というのは〝人気取り〟なんだろうと父さんの弁。彼らは、国民のことなどほとんど大切に考えていなくて、結局は〝自分が豊か〟であるために政治家をやってるんじゃないか、とも。リーダーは必要だろうけど〝節度〟をわきまえた政治家でないと困るね。

某年某月某日

折り合いをうまくつけるには

また雨だ。吾輩以上に飼い主様が気がかりに思っている。「散歩ができない」と、吾輩のことを気遣ってくれているのである。

いい家庭に引き取ってもらって「感謝、感激」である。これも〝巡りあわせ〟

であり、〝ハマレ〟ば幸せなんだけど、ハマラなければ不幸なんだろうな。よく〝仲間〟が飼い主様から不幸な処遇をされているのをテレビなどで見るけど、たまらなく悲しいね。虐待は論外だけど、ワンコと飼い主様との相性の善し悪しも大切だよね。人間同士でも相性というのがあるらしくて、相性がよくないとどうしようもない、と父さんがしょっちゅうグチっている。理屈じゃないそうだから〝居り合い〟が難しいのだろう。

さらに言えば、ひょんなことがキッカケで、相性が悪かった間柄も急によくなったり、逆に、それまでよかった相性が急に悪くなったりするから厄介だそうだ。

某年某月某日

食べ物を大事に！

今日は母さんも用事がなくて、いつもどおり荻窪駅まで父さんの〝送り散歩〟をした。秋の景色一色である。近所の柿の実も色づき始めている。

ウチの渋柿はすでに熟柿になって、2～3個カラスに食われたもんだから、〝ケチ〟な父さんはさっさと残りの柿全部をとって自分で皮をむき、干し柿にした。

母さんはカラスが突こうが、熟して落ちようが、まったく関心がなさそう。どっちに軍配上げる？　吾輩は柿食わんから、どっちでもいい！

日本では、コンビニが消費期限の過ぎた商品のかなりの量を捨てていると聞いて、「食べ物を粗末にしちゃイカン！」と、これまた父さんが怒っている。

吾輩も母さんが用意したごはんを少し残すことがある。そのたびに飼い主様に叱られるのだが、自分の健康のために食べ過ぎをさけているということもあるんだよね。

ご近所のワンコが食べ過ぎのせいで糖尿病になっているというのを聞いたことがあるけど、吾輩は長生きしたいから、節制しなければイカン！　そう言いながらも吾輩は母さんが片付け忘れたごはんを数時間後に食べることもある。しかし、ウチではそもそも、母さんがカロリーを計算した上で食事を出してくれているらしいから、問題ないよね。

食料自給率が低めである日本で〝食品ロス〟をやってたら、今にバチが当たるゾ！　と、これもまた父さんの弁。

某年某月某日

吾輩のサガ

今日は飲み友のシンちゃん夫婦と、小太り（?）のコバちゃん、それに母さんの4人といっしょに深大寺公園に蕎麦を食べに行った。父さんは運悪く仕事だった。

「散歩」「外出」となると、飼い主様の足元でくるくる回ったり、連続ジャンプをしたりする吾輩に対し、母さんはいつも「ワカッタ、ワカッタ!! いい加減にして!」と言って吾輩を叱るのであるが、お出かけの気配を察知した吾輩の〝血が騒ぐ〟のだから止められない。父さんは、「元気な証拠だから、それでいいじゃないか」と母さんを諭すのだが、母さんは聞き入れない。普段からの母さんの頑固さに、父さんは少々辟易しているようだ。同じ男として吾輩も父さんの気持ちがそれなりにわかる。

父さんによると、昔は母さんも今ほど怒りっぽくはなかったようである。誰にも訪れる〝経年変化〟というものらしい。歳はとりたくない。とくに吾輩とか吾輩の仲間たちは人間様に比べると寿命が短いとされているから、一日一日を大切に噛みしめながら生きていかなければと思っている。

で、深大寺の蕎麦は、シンちゃんたちも「うまかった、うまかった!」と堪能したようだ。吾輩も蕎麦は大好きで、蕎麦つゆをつけることは母さんに禁止されているから、味付けしないで食べている。深大寺はたくさんの参拝客があって、かつ、それなりに情緒もあって賑やかでいいな。

〝ゲゲゲの鬼太郎〟や〝ねずみ男〟にも会ってきたよ。「何か妖怪（ヨウカイ）？」「水木しげるさんは戦争で片手を失くされたそうだが、よくもまあ、片手一本で長い間マンガを連載できたもんだ」と父さんは感心していた。「戦争なんて実にばかばかしい。せいぜい夫婦喧嘩にとどめておくべきだ」と、父さんは思っているようだ。

某年某月某日

皆、頑固モン!!

例のコバちゃんは、2日続けて父さんと近くの蕎麦屋に行ってきた。小太りのコバちゃんは天ぷらを食べなければいいんだけど、必ず天ぷらを注文し、ごはんも丼に2杯お代わりしたそうだ。吾輩は糖尿病にならないように気をつけているけど、コバちゃんは「人生、太く短く」がモットーだから、まるで体重増加に頓着してない。
周りが心配してあげてるんだけど、言うことを聞かない。ま、それも人に迷惑かけないのであればいいのかな？「世間には人に迷惑かけても平気な輩がゴマンといる」というのが父さんの口癖だけど、それを考えれば、みんなに愛されるコバちゃん、適当に元気でね。コバちゃんも頑固！母さんも頑固!! あっ、そうそう、そういえばシンちゃんも頑固！みんな頑固！トランプも習近平もプーチンもジョンウンも、み〜んな頑固者〜っ!!

某年某月某日

ゼイタクは敵だ！

今日、シンちゃんは副業としてウチの庭木の剪定をやってくれている。シンちゃんはコバちゃんと違って細身なのでラクラクと木に登る。申年生まれなのか？あ、だから吾輩と相性がよくないのかも……。
父さんは若くなくてそれなりに太ってもいるから、シンちゃんがうらやましいらしい。父さんも太っていいことは何もないというのは分かっているらしいのだ

が、節制できていない。

日本はまだ飽食の時代であり、食べ物を残すとゴミになるから全部食べちゃう、というのが父さんの〝食い過ぎ〟の言い訳。是々非々はともかくとして、日本では高度経済成長時代から生活環境が一変し、贅沢が当たり前になったのだ。父さんとしては実はその風潮が嘆かわしいらしい。

某年某月某日

ウレション

今日はウチのＮＯＴＥという車で、母さんと、母さんの母さん（バーチャン）、母さんの弟（タツミ叔父ちゃん）夫婦といっしょに、田無の中華レストランに行った。雲一つない好天気にすごく気持ちがよかった。

しかし、ワンコは入れない店だったので、吾輩は車内に置き去りだった。一人ぼっちでさびしかったよ。それでも、タツミ叔父ちゃんは、自分の頼んだ食事がくる前に、吾輩の様子を見にきつつ、散歩にも連れ出してくれたので嬉しかったね。

そういう優しいところがある叔父ちゃんだから、ウチにきてくれたときは〝嬉

ション〟（好きな人と会って喜ぶときにワンコが小便を漏らすこと）してあげるのさ。そうすると、また父さんが叔父ちゃんに嫉妬する。遠くからたまにくる叔父ちゃんとは会う頻度が違うんだから、その程度の〝差別〟は理解して欲しいと吾輩は思う。

そういうことを考えると、国際間のつきあいも、「たまにしか会わない」国の元首同士は吾輩を見習って、お互いに敬意を払い合い、仲よくしてもらいたいね。自分の地位保全だけ考えていたらイカン！（また、偉そうなこと言ってしまった！だんだん父さんに似てきたかな？）

〝ハイク（俳句）しろ〟？

某年某月某日

父さんは2年ほど前から、俳句というものをやっているようだ。最初のころは、せっせとつくって句会に投句していたんだけど、この半年間くらいは「才能が枯渇した！」と言って、投句していないそうだ。そもそも、父さんにそんな〝才能〟があるとは知らなんだ。

ちなみに、父さんの俳句は、できるときはパッとひらめいて、まあまあよいのができることもあるそうだが、逆に調子が悪いときはいくら時間をかけても〝グダランモノ〟しかできないらしい。

しかし、実のところ、父さんが投句を〝サボって〟いるのは、この本を〝執筆〟するのに忙殺されてるからではないかと思い、吾輩は少し責任を感じている。そのお返しとして、せめてこの本が〝バカ売れ〟してほしいと期待することにした。そうでないと吾輩は父さんに恨まれっぱなしである。

某年某月某日

まだ見ぬ北海道

3日前、父さんは北海道の紋別、最北端の稚内というところに、仲よしさん8人でグルメ旅行に行き、今日の夕方帰ってきた。荷物が多いというので、駅まで母さんと車で迎えに行ってやった。お土産を期待しながら……。

〝荷物〟というのは、父さんには珍しく、旅先から買ってきたお土産であるが、その中に吾輩は食べたことのない帆立貝というものがあった。猫だったら食べるんだろうけど、何しろ吾輩はワンコだから食指が動かなかった。

ちなみに、紋別と稚内の間に〝猿払〟という海岸沿いの地があるそうだが、そこの海（オホーツク海）で獲れるホタテが凄く旨かったと、父さんが旅の思い出を聞かせてくれた。

間宮林蔵の像と記念撮影（宗谷岬）

母さんは、かなりのホタテ好きなのだが、〝猿払〟というところで獲れるホタテが有名だということを知らなかったらしい。それもそうだろう、〝猿払〟で獲れたホタテは地元で買うしかなく、後は主に海外に輸出されているとのことだった。要するに、東京都内ではほとんど出回っていないらしい。

稚内には、その昔、日本の領土だった樺太（現サハリン）と北海道の舟渡し場所があったそうだ。樺太が不条理にロシアに占領されたため、今ではその舟渡しの施設は目的を終えて、〝記念物〟として残っているだけだそうだ。

父さんの北海道旅行がきっかけで、人間界の歴史を少し学べた。人口が増えると領土侵犯が行なわれるようになるらしいが、その行き着く先は〝戦争〟であろう、とのこと。実にアホらしい。人間様、頼むから大人しく仲よくしてよ‼

某年某月某日

オトコは黙って

今日は、4日連続の雨と予報される中の2日目である。雨だと寒いので、オシッコも近くなる。吾輩はしゃべれないので素振りで意思表示するしかない。

最近は飼い主様もだんだん吾輩の気持ち、要求を察してくれるようになり、吾輩が飼い主様から離れてリビングのドア付近や玄関の近くで屋外のほうを向いてたたずんでいると、吾輩がオシッコしたいのだと察知してくれるようになった。そう、吾輩と飼い主様との間に言葉はいらないのだ。

人間様たちは「ワンコはしゃべらない（口答えしない）からかわいい！」と言っているようだけど、わからないでもない。「人間の言葉は人をだます道具にもなるので、かえってやっかいな面もある」と、職業柄、〈父さんがよくコボしている。オレオレ詐欺とか寸借詐欺とか、〝詐欺〟と名のつくものは、だいたい言葉が道

具となるらしい。そんなんだったら「男はだまって○○ビール！」（三船敏郎か⁉）

結局、お年寄りを狙ったその手の詐欺は、子どもが親と同居しなくなったことが背景にあるのだろう、というのが父さんの分析である。その結果、〝空き家〟も増えて、ロクなことない！　父さんが3年前に書いた『空き家対策の処方箋』（日本地域社会研究所）をぜひ、手に取ってね。これは日本国の浮沈がかかっている問題を扱ったものだから、みなさん、読んだほうがいいらしい！　ところどころに前著を宣伝するなんて、吾輩はよくできた息子だ。

某年某月某日

思案橋ブルース（知ってる人は知っている⁉）

飼い主様の〝問いかけ〟に対して、吾輩はお座りして首をかしげる癖があるのだが、初めの頃、飼い主様はその問いかけに対して吾輩が〝何を言われているのか分からない！〟という意味の仕草だと思ったらしい。

一丁前に〝思案中〟という顔をしていると思って、飼い主様は面白がっていたものだ。

しかし、それは「その言葉、前に聞いたよ」という返事だったのだ。飼い主様も最近はそれに慣れて理解するようになったため、吾輩と飼い主様のコミュニケーションがよりスムーズになった。やはり、言葉自体はそれほど、必要はないということだね。

それなのに、最近では子どもが小さい頃から、ヤレ、英語だ、外国語だ、と若い母親・父親から尻をたたかれているらしい。「言葉は必要ない」ということがあながち的外れでないとしたら、幼児に対する外国語教育はむしろ危険かもしれないな、〝フランス語〟は別だけど。

それに関係するかもしれないが、「人間の世界では、言葉で言っても通じない相手なり国があって、実に困ったもんだ」と、例によって父さんがしょっちゅう嘆いている。父さんもなかなか進歩しない。〝達観〟できないでいる。父さんはそれなりに歳は取ってるけど、気持ちだけはまだ幼いということかな。

年某月某日

空も紅葉も天晴れ！

今日は飼い主様と〝井草の森公園〟に行った。紅葉祭りをやってた。「出店があればビールが飲めてよかったのだが……」と、出店が一切なかったことに対して、父さんが実に残念がっていた。屋台っていろんなものが売られてて楽しいもんね！　焼き鳥の匂いなんて、たまらないよ！

それはさておき、紅葉はキレイだったね。そよ吹く風に紅く染まった葉がヒラヒラ舞うのも美しかった。落葉に隠れてる落ちた銀杏の匂いも吾輩は好きだ。

父さんが、「昔は、みんな銀杏を採って皮をむき、煎って食べてたものだが、今は贅沢に慣れてしまって、みんな拾おうともしない……」と、例によってブツブツ言っていた。父さんは〝恨み節〟については口にしないではいられない性質（タチ）なんだよね。胸にしまい込むということができない。

やはり、父さんはいつまでも若い!!　というか幼稚だ。

地球温暖化はイカン！　某年某月某日

日増しに寒くなる。実の親からもらった〝天然の毛皮〟を着ているとはいえ、やはり、冬は吾輩も寒い。だから、とくに朝の散歩のときには、母さんが防寒の服を着させてくれる。ありがたいと思っている。

しかし、〝寒い〜〟と言いながら、全地球的には温暖化が進んでいるということは前にも述べたと思う。

昔は日本も四季がはっきりしていたそうだが、最近は四季が曖昧になってきてるって本当なのかな。例によって、これについても父さんがブツブツ。人間社会が便利でそれなりに経済が豊かになりすぎると、住環境・自然環境が悪くなるというのだ。吾輩もそれでは困る。日本人（犬）になりきった以上、しっかり四季のありがたさを味わいたい。「寒いときは寒い、暑いときは暑い」で自分で工夫して自然と折り合えばいいだろう。とにかく、地球温暖化は喰い止めよう。

〝濃厚〟にならない程度のスキンシップ

某年某月某日

母さんが家を留守にしているときの土日は、吾輩はだいたい父さんと二人っきり。母さんがいなくとも、吾輩は父さんとスキンシップが保てて、それなりに気持ちがいい。父さんもそれなりに安らかな気分でいられるらしい。飛躍するけど、国際間のつきあいというのも、このスキンシップというのがない場合は〝ギクシャク〟するんだろうな。国際社会のスキンシップとは、吾輩のそれと違うんだろうけど、基本的には相互理解だろうから、やはり単純に考えてほしいもんだ。

お互いに相手を好きになろうという前向きな気持ちがなければ、〝スキンシップ〟もないだろう。疑心暗鬼の「腹の探りあい」では世の中、上手くいくはずがない。政治家という〝選良〟のみなさん、よろしくお願いしますよ!!

吾輩はノーテンキ

某年某月某日

今日も、日本晴れだ。朝ごはん食べたあとに、「南に向いている窓を開け〜♪」(ジュディ・オング)て、日向ぼっこ。実に気持ちいい。ヒンヤリした気候のなかでポカポカの陽に当たるのは最高にぜいたくだ。先ほど、〝地震〟というのがあったらしいが、吾輩はまったく怖くなかった。日向ぼっこの気持ちよさが勝っていたよ。けっこう腹が座ってるでしょ。恐怖でキャンキャンないて騒ぐ仲間もいるんだよ。

地震といえば、これから30年以内に都心にも大きな地震がくるという話だ。今年も災害が日本国中で多かったが、もう災害はごめんこうむりたいね。平穏が一番！

自衛隊のみなさんも、災害救助に一生懸命頑張っておられるそうだけど、頭が下がるよね。自衛隊の存在を憲法に明記することが、みなさんの志気を鼓舞することになるのであれば、それもいいんだろう。

人間様の世界も吾輩の世界も多分、〝回りの方がたに誉められてナンボ！〟だからね。「誉められることが少なかった子は、大きくなってから非行に走るケースが多い」と、父さん。当然といえば当然だね。吾輩だって叱られるより誉められたほうが気分がいい。叱られっぱなしだとグレてやろうか、という気分になるもん。

吾輩は気まま　　某年某月某日

今朝は午前4時にトイレのために母さんを起こしてしまった。吾輩は外でしか排泄しないのだ。

母さんに悪いなと思ってはいても、これぱかりはコントロールできない自然現象だからしょうがない。母さんは優しいから、こんなときも嫌な顔一つせず、眠い目をこすりながら玄関の外に連れ出してくれるのだ。

さっさと用を済ませたら、ウチに戻って、また、ヌクヌクと布団の中で寝るのだ。幸せ、幸せ。父さんは「今は大変な不景気だ」と日々、嘆いているが、とりあえず、吾輩の家はまだ恵まれているらしい。なぜなら、父さんは〝規則正しく〟毎日、安酒を飲めてるしね。

ところで、人間社会では〝消費税〟とやらが8％から10％に上がったそうだが、それだと販売業者が〝ポイント還元〟とかで、事実上、安売り競争をすることになったらしい。難しい時代だな。せめて国民が進んで〝税金を払いたくなる〟ような世の中にはならんのかね、とは父さんの弁。ほとんどの人が自分のほうから積極的に納税したいとは思わないものらしい。一つには、「税金が有効に使われていないから」というのがその理由のようだ。

某年某月某日

聞き分けが大事

今日は日曜日で、父さんは在宅である。母さんはもらった商品券で新宿まで買い物に出かけた。お世話になっている方へのご進物用らしい。ちょっといじらしいね。

吾輩は父さんが留守番で母さんが外出ということが、飼い主様の会話で分かるもんだから、母さんが出かけるとわかってもジタバタせず、おとなしく母さんを見送るのだ。

このことからもわかると思うが、吾輩は日本語をきちんと理解しているのだ。〝阿吽（あうん）の呼吸〟といってもいいかな。

しかし、実は、ここだけの話だが、むしろ、父さんと母さんの会話自体が噛みあうことがなく、衝突していることがたびたびあるのだ。それを傍らで聞いてて、「モノ分かりの悪い夫婦だな、もっと穏やかにしてほしい」と思う。

某年某月某日
父さんの嘆き節は健在

今日もいい天気だ。曇りで寒いと布団から出たくない吾輩も、このようにいい天気だと自分から散歩に行こうと、目覚めたらスットコスットコ階下に行く。

父さんと散歩に出て、さっさとオシッコ・ウンチを済ませて朝ごはんを食べた。土曜日なので、居間でのんびり、ある政治家の収賄事件の報道番組を観ていた父さんは、「本当に国を憂える政治家はいないのかね!! 情けなか〜ッ」と、生まれ故郷の長崎弁で嘆きはじめた。

自然界も壊れかかっているけど、政治家を含む人間社会自体も壊れかかっていると父さんは言うのだ。そんな飼い主様の家で大事に育ててもらえる吾輩は幸せだ。令和元年の終盤にきて、父さんは来年に期待するそうだ。

某年某月某日
フィーリングだよね

今日は父さんと〝原っぱ公園〟まで散歩に出た。風が少し強かったが、ほかのワンコもたくさんいて楽しかった。吾輩は人間様も好きだが、気の合うワンコも大好きだ。そんなワンコとお尻の臭いを嗅ぎ合うのがとくに好きだ。飼い主様は、なぜ吾輩がほかの犬の尻の匂いを嗅ぐのが好きなのか、よくわからないらしい。いかにも理解力がない飼い主様らしい。吾輩もその理由をきちんと説明できないから、ちょっとモドかしい。

原っぱ公園を散歩中、吾輩は立派なウンチをしたので父さんはそれをティッシュで包んでトイレに捨てようと、公園のトイレに向かったところ、公園管理人でご近所にお住いの〝ヤマシタのオジチャン〟にバッタリ会った。ヤマシタのオジチャンはそのウンチを「この袋に入れて!」と言ってくれた。しゃべり方だけでなく気持ちも優しいオジチャンである。

また、初めていっしょになった柴犬を連れて散歩していたご夫婦を、長崎出身の父さんは、ちょっとしたコトバのなまりでその人が九州人とわかり、5分くらい立ち話で盛り上がった。そして再会を約束していたね。こういうホットな人間関係が広がればハッピーだね。

密接不離な仲間

父さんが、保護犬が今でも大量に殺処分されているという番組を見て、とても悲しがっている。吾輩を世話するようになって、保護犬の処遇についてぐ～っと関心が深まったそうだ。

吾輩も、保護犬の殺処分は即刻、やめてくれと声を大にして言いたい。どれだけワンコを含むペットたちが人間様の癒しになっているかということを、もう一度、考え直して！

長い歴史の中で、ワンコは人間と共存し、いろんな面で人の役に立ってきたんだよ。それを平気で殺すなんて「極悪非道だ」と、父さん。これからも人間様と犬（ワンコ）、仲よくやっていこう。

これも〝ジン・ケン（人・犬）問題〟だね！

あとがき　― 吾輩ターボ、家族との夢を語る ―

吾輩たち犬属は、寿命とやらがくると、「虹の橋」というのを渡って、別の世界へ行くことになってるらしい。

その世界はどんなところで、何があるんだろうか……。

「虹の橋」なんてステキな名前の橋を渡るんだから、『ヘンゼルとグレーテル』のお菓子の家みたいな、「お肉の家」でもあるのかな。

A５ランクの和牛の屋根と、比内鶏の壁で作られた家の中に、イベリコ豚でできてるソファがあったりして……。想像しただけでダラダラよだれがあふれてくる。お腹もグルグル鳴りはじめる。

でもでも、吾輩はありふれた景観で年季の入ったこの家、そして大好きな父さん、母さん、バーチャンの匂いが染みついたソファのほうがいい。みんなと一緒にいて、リビングの外を見張って、家の前を通る人がいるのを吠えて教えていたい。ずっとこの家のガードマンでいたいな。

だって、吾輩はそのために生まれて、そして、ここにきたんだから。そうでしょ。

だからね、「そのとき」がきても、吾輩は「虹の橋」は渡らないよ。リビングのガラス戸の前にそっと座って庭を眺めているよ、出会ってくれたみんなのことを思いながら。それが吾輩の夢なんだ。きっと叶うよね♥

タ―ボ（代筆：玉木賢明）

２０２１年４月

著者紹介

玉木賢明（たまき・よしあき）

長崎県諫早市生まれ。一橋大学卒業。平成元年弁護士登録。東京都新宿区にて玉木賢明法律事務所を主宰。平成27年、有志と共に杉並区高円寺にて「一般社団法人全国空き家相談士協会」を立ち上げ、副会長に就任。

主な著書に『空き家相談士認定テキスト』（一般社団法人全国空き家相談士協会）、『空き家対策の処方箋』『庶民派弁護士が読み解く法律の生まれ方』（日本地域社会研究所）、共著に『製造物責任・企業賠償責任Ｑ＆Ａ』（第一法規出版）など。その他、雑誌等への投稿多数。

玉木賢明法律事務所

所長　弁護士　玉木賢明
〒160－0004 東京都新宿区四谷1－9 有明家ビル3階
TEL : 03(3358)1510
FAX : 03(3358)1522
e-mail：tamaki.law@aurora.ocn.ne.jp

【過去に取り扱った業務】
・知的財産権（特許権・著作権・商標権・意匠権等）
・国際契約周辺事務
・独禁法事務
・民・商事トラブルの訴訟事務一般

吾輩ターボのチャンポン日記

2021年6月16日　第1刷発行

著　者　玉木賢明
発行者　落合英秋
発行所　株式会社 日本地域社会研究所
〒167-0043　東京都杉並区上荻1-25-1
TEL（03）5397-1231（代表）
FAX（03）5397-1237
メールアドレス tps@n-chiken.com
ホームページ http://www.n-chiken.com
郵便振替口座 00150-1-41143
印刷所　中央精版印刷株式会社

ISBN978-4-89022-264-3

日本地域社会研究所の好評図書

知識・知恵・素敵なアイデアをお金にする教科書
億万長者も夢じゃない！

中本繁実著…あなたのアイデアが莫大な利益を生むかも……。発想法、作品の作り方、アイデアを保護する知的財産権の取り方までをやさしく解説。発明・アイデア・特許に関する疑問の答えがここにある。

46判180頁／1680円

AI新時代を生き抜くコミュニケーション術

大村亮介編著…世の中のAI化がすすむ今、営業・接客などの販売職、管理職をはじめ、学校や地域の活動など、さまざまな場所で役に立つコミュニケーション術をわかりやすく解説したテキストにもなる1冊。

46判157頁／1500円

誰でも発明家になれる！
できることをコツコツ積み重ねれば道は開く

中本繁実著…自分のアイデアやひらめきが発明品として認められ、製品になったら、それは最高なことである。誰にでも可能性は無限にある。発想力、創造力を磨いて、道をひらくための指南書。

46判216頁／1680円

人生遅咲きの時代　ニッポン長寿者列伝

久恒啓一編著…人生後半からひときわ輝きを放った81人の生き様は、新時代を生きる私たちに勇気を与えてくれる。長寿者から学ぶ「人生100年時代」の生き方読本。

46判246頁／2100円

現代医療の不都合な実態に迫る
患者本位の医療を確立するために

金屋隼斗著…高騰する医療費。競合する医療業界。増加する健康被害。国民の思いに寄り添えない医療の現実に正面から向き合い、現代医療の問題点を洗い出した渾身の書！

46判181頁／1500円

体験者が語る前立腺がんは怖くない

前立腺がん患者会編・中川恵一監修…ある日、突然、前立腺がんの宣告。頭に浮かぶのは仕事や家族のこと、そして治療法や治療費のこと。前立腺がんを働きながら治した普通の人たちの記録。

46判158頁／1280円

※表示価格はすべて本体価格です。別途、消費税が加算されます。